特种作业人员安全技术考核培训教材

建筑起重司索信号工

主编 王东升 徐希庆

中国建筑工业出版社

图书在版编目(CIP)数据

建筑起重司索信号工/王东升,徐希庆主编. —北京:
中国建筑工业出版社,2020.2
特种作业人员安全技术考核培训教材
ISBN 978-7-112-24738-7

Ⅰ.①建… Ⅱ.①王…②徐… Ⅲ.①建筑机械-起重机
械-信号-安全培训-教材   Ⅳ.①TH210.8

中国版本图书馆 CIP 数据核字(2020)第 010655 号

责任编辑:李 杰
责任校对:李美娜

特种作业人员安全技术考核培训教材
建筑起重司索信号工
主编 王东升   徐希庆

*

中国建筑工业出版社出版、发行(北京海淀三里河路9号)

各地新华书店、建筑书店经销

北京红光制版公司制版

天津安泰印刷有限公司印刷

*

开本:787×1092 毫米 1/16 印张:11¼ 字数:231 千字
2020 年 5 月第一版   2020 年 5 月第一次印刷

定价:**45.00**元

ISBN 978-7-112-24738-7
(35305)

3

本书编委会

主　　编　王东升　徐希庆
副主编　王　雷　李　军　张晓蓉
参编人员　李勇超　董　良　宋　超　江　南　郭　倩

出 版 说 明

随着我国经济快速发展、科学技术不断进步，建设工程的市场需求发生了巨大变换，对安全生产提出了更多、更新、更高的挑战。近年来，为保证建设工程的安全生产，国家不断加大法规建设力度，新颁布和修订了一系列建筑施工特种作业相关法律法规和技术标准。为使建筑施工特种作业人员安全技术考核工作与现行法律法规和技术标准进行有机地接轨，依据《中华人民共和国安全生产法》《建设工程安全生产管理条例》《安全生产许可证条例》《建筑起重机械安全监督管理规定》《建筑施工特种作业人员管理规定》《危险性较大的分部分项工程安全管理规定》及其他相关法规的要求，我们组织编写了这套"特种作业人员安全技术考核培训教材"。

本套教材由《特种作业安全生产基本知识》《建筑电工》《普通脚手架架子工》《附着式升降脚手架架子工》《建筑起重司索信号工》《塔式起重机工》《施工升降机工》《物料提升机工》《高处作业吊篮安装拆卸工》《建筑焊接与切割工》共10册组成，其中《特种作业安全生产基本知识》为通用教材，其他分别适用于建筑电工、建筑架子工、起重司索信号工、起重机械司机、起重机械安装拆卸工、高处作业吊篮安装拆卸工和建筑焊接切割工等特种作业工种的培训。在编纂过程中，我们依据《建筑施工特种作业人员培训教材编写大纲》，参考《工程质量安全手册（试行）》，坚持以人为本与可持续发展的原则，突出系统性、针对性、实践性和前瞻性，体现建筑施工特种作业的新常态、新法规、新技术、新工艺等内容。每册书附有测试题库可供作业人员通过自我测评不断提升理论知识水平，比较系统、便捷地掌握安全生产知识和技术。本套教材既可作为建筑施工特种作业人员安全技术考核培训用书，也可作为建设单位、施工单位和建设类大中专院校的教学及参考用书。

本套教材的编写得到了住房和城乡建设部、山东省住房和城乡建设厅、清华大学、中国海洋大学、山东建筑大学、山东理工大学、青岛理工大学、山东城市建设职业学院、青岛华海理工专修学院、烟台城乡建设学校、山东省建筑科学研究院、山东省建设发展研究院、山东省建筑标准服务中心、潍坊市市政工程和建筑业发展服务中心、德州市建设工程质量安全保障中心、山东省建设机械协会、山东省建筑安全与设备管理协会、潍坊市建设工程质量安全协会、青岛市工程建设监理有限责任公司、潍坊昌大建设集团有限公司、威海建设集团股份有限公司、山东中英国际建筑工程技术有限公司、山东中英国际工程图书有限公司、清大鲁班（北京）国际信息技术有限公司、中国建筑工业出版社等单位的大力支持，在此表示衷心的感谢。本套教材虽经反复推敲核证，仍难免有不妥甚至疏漏之处，恳请广大读者提出宝贵意见。

编审委员会

2020 年 04 月

前　言

本书适用于建筑起重司索信号工的安全技术考核培训。本书的编写主要依据《建筑施工特种作业人员培训教材编写大纲》，参考了住房和城乡建设部印发的《工程质量安全手册（试行）》。本书认真研究了建筑起重司索信号工的岗位责任、知识结构，重点突出了建筑起重司索信号工操作技能要求，主要内容包括常用起重机械介绍、起重吊装方案的编制与施工管理、起重吊装、起重吊运指挥信号、起重吊装指挥常见事故与案例等，对于强化建筑起重司索信号工的安全生产意识、增强安全生产责任、提高施工现场安全技术水平具体指导作用。

本书的编写广泛征求了建设行业主管部门、高等院校和企业等有关专家的意见，并经过多次研讨和修改完成。中国海洋大学、青岛华海理工专修学院、青岛市工程建设监理有限责任公司、潍坊昌大建设集团有限公司、山东中英国际工程图书有限公司等单位对本书的编写工作给予了大力支持；同时本书在编写过程中参考了大量的教材、专著和相关资料，在此谨向有关作者致以衷心感谢！

限于我们水平和经验，书中难免存在疏漏和错误，诚挚希望读者提出宝贵意见，以便完善。

编　者

2020 年 04 月

目　录

1　基础理论知识

2　常用起重机械

4 起重吊装方案的编制与施工管理

5 起重吊装

1 基础理论知识

1.1 物体的重量和重心

1.1.1 物体重量计算

起重作业在起吊、搬运各种设备或重物时，首先应该知道被起吊、搬运的设备或重物的重量，根据设备或重物的重量和外形等情况选择合适的起重机械和合理的施工方法。这样就需要进行有关数学和力学的计算。有关面积、体积、重量、单位换算、材料密度等的基本概念和简单的计算方法，是每个起重司索信号工都应该掌握的基础知识。

物体的重量是物体处于地球表面，地球引力对物体的作用力的合力，通常用 G 表示，单位为牛（N）。物体的质量是物体所含物质的多少，是物体的基本属性，不随物体的形状、状态、空间位置和温度的改变而改变，通常用 m 表示，单位为千克（kg）。而物体的质量与物体的体积和密度有关，重量与物体的体积和容重有关。为了正确计算物体的重量，必须掌握物体体积的计算方法和各种材料密度等有关知识。

1. 物体体积的计算

（1）长度的量度，工程上常用的长度基本单位是毫米（mm）、厘米（cm）和米（m）。它们之间的换算关系是：1m＝100cm＝1000mm。

（2）面积的计算，物体体积的大小与它本身截面积的大小成正比。各种规则几何图形的面积计算公式见表 1-1。

平面几何图形面积计算公式表 表 1-1

名 称	图 形	面积计算公式	名 称	图 形	面积计算公式
正方形		$S = a^2$	梯形		$s = \dfrac{(a+b)h}{2}$
长方形		$S = ab$	圆形		$s = \dfrac{\pi^2}{4}d$（或 $S = \pi R^2$） d——圆直径 R——圆半径

1

名　称	图　形	面积计算公式	名　称	图　形	面积计算公式
平行四边形		$S=ah$	圆环形		$S=\dfrac{\pi}{4}(D^2-d^2)=\pi(R^2-r^2)$ d，D——内、外圆环直径 r，R——内、外圆环半径
三角形		$S=ah$	扇形		$s=\dfrac{\pi R^2 \alpha}{360}$ α——圆心角（度）

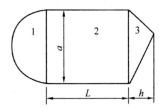

图 1-1　异形件面积计算

但在实际工作中，所碰到的设备或物件不一定是上面所介绍的几种规则的形状，往往是不规则的几何图形。在遇到这种不规则形状的物件时，我们可以先把它们分割成几种规则的图形，再将分割成的规则图形分别计算出结果，然后把各个图形的面积相加，就得到总面积。如图 1-1 所示，是一个物件的外形情况，虽然它的外形看上去不规则，但实际上它是由三个规则形状的图形所组成：半圆形 1、长方形 2 及三角形 3，因此在计算面积的时候，只要分别将这三个图形的面积算出来之后相加即可。

（3）物体体积的计算。

物体的体积大体可分两类：标准几何形体和由若干规则几何体组成的复杂形体两种。简单规则的几何形体的体积计算公式，见表 1-2。对于复杂的物体体积，可将其分解成数个规则的或近似的几何形体，求其体积总和。

各种几何形体体积计算公式表　　　　表 1-2

名　称	图　形	公　式	名　称	图　形	公　式
立方体		$V=a^3$	球体		$V=\dfrac{4}{3}\pi R^3$ $=\dfrac{1}{6}\pi d^3$ R——底圆半径 d——底圆直径
长方体		$V=abc$	圆锥体		$V=\dfrac{\pi}{12}d^2 h$ $=\dfrac{4}{3}R^2 h$ R——底圆半径 d——底圆直径

名　称	图　形	公　式	名　称	图　形	公　式
圆柱体		$V = \dfrac{\pi}{4}d^2h$ $= \pi R^2$ R——半径	任意 三棱体		$V = \dfrac{1}{2}bhl$
空心 圆柱体		$V = \dfrac{\pi}{4}(D^2$ $-d^2)h$ $= \pi(R^2$ $-r^2)h$ r, R——内、外圆 半径	截头 方锥体		$V = \dfrac{h}{6}[(2a$ $+a_1)b$ $+(2a_1$ $+a)b_1]$
斜截 正圆柱体		$V = \dfrac{\pi}{4}d^2 \cdot$ $\dfrac{(h_1+h)}{2}$ $= \pi R^2 \cdot$ $\dfrac{(h_1+h)}{2}$ R——半径	正六角 棱柱体		$V = \dfrac{3\sqrt{3}}{2}b^2h$

2. 物体质量的计算

计算物体质量时，离不开物体材料的密度。所谓密度，是指由一种物质组成的物体的单位体积内所具有的质量，用 ρ 表示，其单位是 kg/m^3（千克/米³）。各种常用物体的密度见表 1-3。

各种常用物体的密度　　　　　　　　　　　　　　　　　表 1-3

物体材料	密度（10^3 kg/m³）	物体材料	密度（10^3 kg/m³）
水	1.0	混凝土	2.4
钢	7.85	碎石	1.6
铸铁	7.2～7.5	水泥	0.9～1.6
铸铜、镍	8.6～8.9	砖	1.4～2.0
铝	2.7	煤	0.6～0.8
铅	11.34	焦炭	0.35～0.53
铁矿	1.5～2.5	石灰石	1.2～1.5
木材	0.5～0.7	造型砂	0.8～1.3

物体的质量可根据下式计算：

$$m = \rho V \tag{1-1}$$

式中 m——物体的质量，kg；

　　　ρ——物体的密度，kg/m^3；

　　　V——物体的体积，m^3。

3. 物体重力（量）的计算

物体所受的重力就是由于地球的吸引而产生的力。重力的方向总是竖直向下，大小与质量有关，用下式计算：

$$G = mg \tag{1-2}$$

式中 G——物体所受的重力，N；

　　　g——质量为 1kg 的物体所受到的重力，大小为 9.8N。

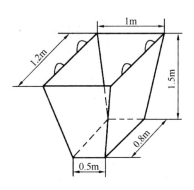

【例 1-1】 起重机的料斗如图 1-2 所示，它的上口长为 1.2m、宽为 1m，下底面长为 0.8m、宽为 0.5m，高为 1.5m，试计算满斗混凝土的重量。

【解】 查表 1-3 得混凝土的密度为：

$$\rho = 2.4 \times 10^3 (kg/m^3)$$

图 1-2 超重机的料斗

料斗的体积为：

$$V = \frac{h}{6}\left[(2a + a_1)b + (2a_1 + a)b_1\right]$$

$$= \frac{1.5}{6} \times \left[(2 \times 1.2 + 0.8) \times 1 + (2 \times 0.8 + 1.2) \times 0.5\right]$$

$$= 1.15 (m^3)$$

混凝土的质量为：

$$m = \rho V = 2.4 \times 10^3 \times 1.15 = 2.76 \times 10^3 (kg)$$

混凝土的重量为：

$$G = mg = 2.76 \times 10^3 \times 9.8 = 27.05 \times 10^3 (N) = 27.05 (kN)$$

4. 物体重量估算法

起重作业中的物体，在没有提供详细资料的情况下，一般是采用估算的方法来了解它的重量。估算重量，从安全的角度来考虑，一般都要估得比实际重量略重。下面是几个基本形状物体的重量估算法：

（1）钢板重量的估算。

钢板重量＝7.8×长度×宽度×厚度×9.8

重量单位为牛顿（N），长度、宽度单位为米（m），厚度单位为毫米（mm）。

（2）钢管重量估算。

钢管重量＝2.46×钢管壁厚×（钢管外径－钢管壁厚）×长度×9.8

重量单位为牛顿（N），壁厚、外径单位为厘米（cm），长度单位为米（m）。

（3）圆钢重量的估算。

$$圆钢重量＝0.612\ 3×直径^2×长度×9.8$$

重量单位为牛顿（N），直径单位为厘米（cm），长度单位为米（m）。

（4）等边角钢重量的估算。

$$等边角钢重量＝1.5×角钢边长×角钢厚度×长度×9.8$$

重量单位为牛顿（N），角钢边长、角钢厚度单位为厘米（cm），长度单位为米（m）。

1.1.2 物体的重心

一个物体的各部分都要受到重力的作用，从效果来看，我们可以认为各部分受到重力的作用集中于一个点，这一点叫物体的重心。也可以说，物体的重心就是地球引力对物体的作用力的合力的作用点，即物体的重心是物体各部分重量的中心。一个物体不论处在什么地方，它的重心在物体内部的位置是不变化的。

对起重司索信号工来讲，确定吊物的重心十分重要，因为它与吊点和吊物的稳定性都有密切的关系。在起重作业中，物件的吊装、翻身、钢丝绳受力的分配、吊点的选择等都要考虑物体的重心。错误的选择重心位置会造成钢丝绳受力不均，甚至设备在吊装过程中有发生倾覆的危险。

1. 规则形状物体重心的计算

物体的重心坐标公式可由合力矩定理推得：

$$x_c = \frac{\sum \Delta G_i x_i}{G}; \quad y_c = \frac{\sum \Delta G_i y_i}{G}; \quad z_c = \frac{\sum \Delta G_i z_i}{G} \tag{1-3}$$

式中　　　G——整个物体的重力，N；

　　　　　ΔG_i——物体某一部分重力，N；

x_C，y_C，z_C——物体重心在 x，y，z 轴上的坐标位置；

x_i，y_i，z_i——第 i 部分重心在 x，y，z 轴上的坐标位置。

如果物体是均质的（如起重吊装作业中，大多数构件均为同一物质），以 V 表示整个物体的体积，以 ΔV_i 表示第 i 部分的体积，则有：

$$x_c = \frac{\sum \Delta V_i x_i}{V}; \quad y_c = \frac{\sum \Delta V_i y_i}{V}; \quad z_c = \frac{\sum \Delta V_i z_i}{V} \tag{1-4}$$

式中　　　V——整个物体的体积，m³；

　　　　　ΔV_i——物体第 i 部分体积，m³；

x_C，y_C，z_C——物体重心在 x，y，z 轴上的坐标位置；

x_i，y_i，z_i——第 i 部分重心在 x，y，z 轴上的坐标位置。

由式（1-3）可知，均质物体的重心位置与物体的重量无关，故均质物体的重心又称形心。形心就是物体的几何形状的中心，例如，圆球体的形心就是球心。

如物体为均质等厚薄平板，则以 A 表示薄板的面积，以 ΔA_i 表示第 i 部分的面积，可得薄板的重心位置为：

$$x_c = \frac{\sum \Delta A_i x_i}{A}; \quad y_c = \frac{\sum \Delta A_i y_i}{A} \tag{1-5}$$

式中　A——整个物体的面积；

　　　ΔA_i——物体第 i 部分面积；

　x_c，y_c——物体重心在 x，y 轴上的坐标位置；

　x_i，y_i——第 i 部分重心在 x，y 轴上的坐标位置。

由此可知，材质均匀、形状规则的物体的重心位置较易确定，如长方形物体的重心在对角线的交点上，圆棒的重心在其中间截面的圆心上，三角形的重心位置在三角形三条中线的交点上。简单图形的物体重心位置见表1-4。如果物体是由几个基本规则的形体组成，可分别求出每个规则形体的重心，然后由重心坐标公式求出重心位置。

简单图形的物体重心位置　　　　　　　　　　　　　　　表 1-4

名　称	图　形	重 心 位 置
任意三角形		$y_c = \dfrac{h}{3}$
任意梯形		$y_c = \dfrac{h(a+2b)}{3(a+b)}$
扇形		$y_c = \dfrac{zr\sin\alpha}{3\alpha}$
弓形		$y_c = \dfrac{2r^3\sin\alpha}{3A}$ $A = \dfrac{r^2(2\alpha - \sin2\alpha)}{\alpha}$
部分圆环		$y_c = \dfrac{2(R^3 - r^3)\sin\alpha}{3(R^2 - r^2)\alpha}$

名　　称	图　　形	重 心 位 置
半圆		$y_c = \dfrac{4r}{3\pi}$
圆锥体		$z_c = \dfrac{h}{4}$
半球体		$z_c = \dfrac{3r}{8}$

【例 1-2】 某薄形板形状如图 1-3 所示，试求其重心位置。

【解】
$$\Delta A_1 = (200-20) \times 20 = 3600 (\text{mm}^2)$$
$$\Delta A_2 = 150 \times 20 = 3000 (\text{mm}^2)$$
$$x_1 = 10 (\text{mm})$$
$$y_1 = 20 + (200-20)/2 = 110 (\text{mm})$$
$$x_2 = 75 (\text{mm}), \quad y_2 = 10 (\text{mm})$$

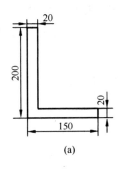
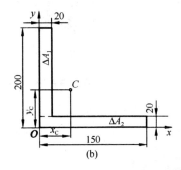

(a)　(b)

图 1-3　薄形板

（a）外形尺寸；（b）重心位置

将数值代入式（1-5）得：

$$x_c = \frac{\sum \Delta A_i x_i}{A} = \frac{\Delta A_1 x_1 + \Delta A_2 x_2}{\Delta A_1 + \Delta A_2}$$

$$= \frac{3600 \times 10 + 3000 \times 75}{3600 + 3000} = 39.5 (\text{mm})$$

$$y_c = \frac{\sum \Delta A_i y_i}{A} = \frac{\Delta A_1 y_1 + \Delta A_2 y_2}{\Delta A_1 + \Delta A_2}$$

$$= \frac{3600 \times 110 + 3000 \times 10}{3600 + 3000} = 64.5 (\text{mm})$$

2. 复杂形状物体的重心确定

如果物体的形状复杂或分布不均匀，其重心位置利用重心坐标位置计算较复杂时，一般常用实验方法来确定，确定物体重心位置的方法有悬挂法和称重法。

（1）悬挂法。

求图 1-4 所示形状复杂的薄板的重心时，可先将板悬挂于任一点 A，如图 1-4（a）所示。根据二力平衡条

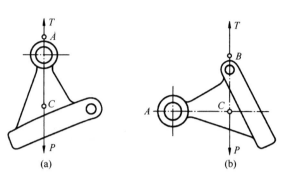

图 1-4 悬挂法求薄板的重心

（a）悬挂于 A 点；（b）悬挂于 B 点

件，重心必在过悬挂点的铅垂线上，于是可在板上画出此线。然后将板悬挂于另一点 B，如图 1-14（b）所示，同样可画通过重心的另一铅垂线，两线交点 C 即为重心位置。

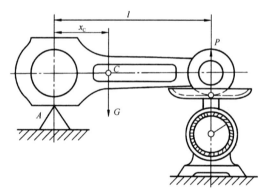

图 1-5 称重法求物体的重心

（2）称重法

此法是用磅秤称出物体的重量 G，然后将物体的一端支于固定的支点 A，另一端支于磅秤上，如图 1-5 所示。量出两支点的水平距离 l 并读出磅秤上的读数 P，力 G 和 P 对 A 点的力矩的代数和应等于零。因此，物体重心 C 至支点 A 的水平距离为：

$$x_c = \frac{Pl}{G} \qquad (1-6)$$

1.2 液压传动知识

1.2.1 液压传动定义

液压传动是指以液体为工作介质进行能量传递和控制的一种传动方式。在液体传动中，根据其能量传递形式不同，又分为液力传动和液压传动。液力传动主要是利用液体动能进行能量转换的传动方式，如液力耦合器和液力变矩器。液压传动是利用液

体压力能进行能量转换的传动方式，在机械上采用液压传动技术，可以简化机器的结构，减轻机器质量，减少材料消耗，降低制造成本，减轻劳动强度，提高工作效率和工作的可靠性。

1.2.2 液压传动基本原理

液压系统利用液压泵将机械能转换为液体的压力能，再通过各种控制阀和管路的传递，借助于液压执行元件（油缸或马达）把液体压力能转换为机械能，从而驱动工作机构实现直线往复运动或回转运动。

塔式起重机液压顶升机构，是一个简单、完整的液压传动系统，其工作原理如图1-6所示。

推动油缸活塞杆伸出时，手动换向阀6处于上升位置（图示左侧），液压泵4由电机带动旋转后，从油箱1中吸油，油液经滤油器2进入液压泵4，由液压泵4转换成压力油从 P→A，进入高压胶管7→节流阀12→液控单向阀 m→油缸无杆腔，推动缸筒上升，同时打开液控单向阀 n，以便回油反向流动。回油：油缸有杆腔→液控单向阀 n→高压胶管13→手动换向阀 B 口→T 口→油箱1。

推动油缸活塞杆收缩时，手动换向阀6处于下降位置（图示右侧），压力油从 P→B→高压胶管13→液控单向阀 n→油缸有杆腔，同时压力油也打开液控单向阀 m，以便回油反向流动。回油：油缸无杆腔→液控单向阀 m→高压胶管7→手动换向阀 A 口→T 口→油箱1。

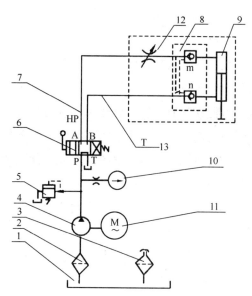

图1-6 液压传动系统工作原理图

1—油箱；2—滤油器；3—空气滤清器；4—液压泵；
5—溢流阀；6—手动换向阀；7，13—高压胶管；
8—双向液压锁；9—顶升油缸；10—压力表；
11—电机；12—节流阀

卸荷：手动换向阀6处于中间位置，电机11启动，液压泵4工作，油液经滤油器2进入液压泵4，再到手动换向阀6中间位置 P→T 回到油箱1，此时系统处于卸荷状态。

1.2.3 液压传动系统组成

液压传动系统由动力装置、执行装置、控制装置、辅助装置和工作介质等组成。

（1）动力装置。它供给液压系统压力，并将电动机输出的机械能转换为油液的压力能，从而推动整个液压系统工作，最常见的形式是液压泵，给液压系统提供压力。

（2）执行装置。把液压能转换成机械能的装置，以驱动工作部件运动。

（3）控制装置。包括各种阀类，如压力阀、流量阀和方向阀等，用来控制液压系统的液体压力、流量（流速）和方向，以保证执行元件完成预期的工作运动。

（4）辅助装置。指各种管接头、油管、油箱、过滤器和压力计等，起连接、储油、过滤和测量油压等辅助作用，以保证液压系统可靠、稳定、持久地工作。

（5）工作介质。指在液压系统中，承受压力并传递压力的油液，一般为矿物油，统称为液压油。

1.2.4 液压传动优缺点

1. 液压传动优点

与机械传动比较，液压传动具有以下主要优点：

（1）由于一般采用油液作为传动介质，因此液压元件具有良好的润滑条件；工作液体可以用管路输送到任何位置，允许液压执行元件和液压泵保持一定距离；液压传动能方便地将原动机的旋转运动变为直线运动。这些特点十分适合各种工程机械、采矿设备的需要，其典型应用实例就是煤矿井下使用的单体液压支柱和液压支架。

（2）可以在运行过程中实现大范围的无级调速，其传动比可高达1：1 000，且调速性能不受功率大小的限制。

（3）易于实现载荷控制、速度控制和方向控制，可以进行集中控制、遥控和实现自动控制。

（4）液压传动可以实现无间隙传动，因此传动平稳，操作省力，反应快，并能高速启动和频繁换向。

（5）液压元件都是标准化、系列化和通用化产品，便于设计、制造和推广应用。

与电力传动相比，液压传动的主要优点有以下几点：

（1）质量小，体积小。这是由于电动机受到磁饱和的限制，其单位面积上的切向力与液压机械所能承受的液压相差数十倍。

（2）运动惯性小，响应速度快。液压马达的力矩惯量比（即驱动力矩与转动惯量之比）较电动机大得多，故其加速性能好。例如，加速一台中等功率的电动机通常需要一秒至几秒钟，而加速同样功率的液压马达只需要0.1s左右。这种良好的动态特性，对液压控制系统更有其重要意义。

（3）低速液压马达的低速稳定性要比电动机好得多。

（4）液压传动的应用，可以简化机器设备的电气系统。这对于具有爆炸危险的煤矿井下工作大有好处。

2. 液压传动缺点

（1）在传动过程中，由于能量需要经过两次转换，存在压力损失、容积损失和机械摩擦损失，因此总效率通常仅为 0.75～0.8。

（2）传动系统的工作性能和效率受温度的影响较大，一般的液压传动，在高温或低温环境下工作，存在一定困难。

（3）液体具有一定的可压缩性，配合表面也不可避免地有泄漏存在，因此液压传动无法保证严格的传动比。

（4）工作液体对污染很敏感，污染后的工作液体对液压元件的危害很大，因此液压系统的故障比较难查找，对操作、维修人员的技术水平有较高要求。

（5）液压元件的制造精度、表面粗糙度以及材料的材质和热处理要求都比较高，因而其成本较高。

总的说来，液压传动的优点是主要的。它的某些缺点随着生产技术的发展，正在逐步得到克服。如果进一步吸取其他传动方式的优点，采用电液、气液等联合传动，更能充分发挥其特点。

1.2.5　液压传动主要应用

液压传动主要应用如下：

（1）一般工业用液压系统：塑料加工机械（注塑机）、压力机械（锻压机）、重型机械（废钢压块机）、机床（全自动六角车床、平面磨床）等。

（2）行走机械用液压系统：工程机械（挖掘机）、起重机械（汽车吊）、建筑机械（打桩机）、农业机械（联合收割机）、汽车（转向器、减振器）等。

（3）钢铁工业用液压系统：冶金机械（轧钢机）、提升装置（升降机）、轧辊调整装置等。

（4）土木工程用液压系统：防洪闸门及堤坝装置（浪潮防护挡板）、河床升降装置、桥梁操纵机构和矿山机械（凿岩机）等。

（5）发电厂用液压系统：涡轮机（调速装置）等。

（6）特殊技术用液压系统：巨型天线控制装置、测量浮标、飞机起落架的收放装置及方向舵控制装置、升降旋转舞台等。

（7）船舶用液压系统：甲板起重机械（绞车）、船头门、舱壁阀、船尾推进器等。

（8）军事工业用液压系统：火炮操纵装置、舰船减摇装置、飞行器仿真等。

2 常用起重机械

2.1 起重机械分类及主要技术参数

2.1.1 起重机械分类

根据《起重机械分类》GB/T 20776—2006，起重机械分类如图 2-1 所示：

建筑施工现场主要使用的起重机类型为塔式起重机、流动式起重机两种。其中，

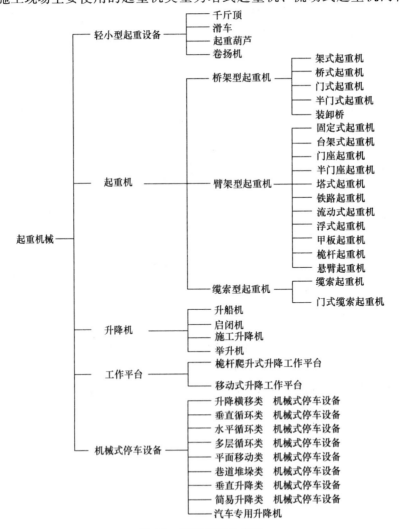

图 2-1　起重机械分类图

塔式起重机主要有固定式、内爬式和轨道行走式；流动式起重机主要有汽车式、轮胎式和履带式。如图 2-2 所示，为施工现场常用的塔式起重机和汽车式、履带式起重机。

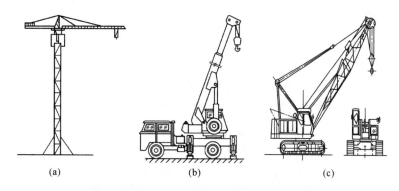

(a)　　　　　　　　　　(b)　　　　　　　　　　(c)

图 2-2　施工现场常用的起重机

(a) 塔式起重机；(b) 汽车式起重机；(c) 履带式起重机

2.1.2　起重机的基本参数

起重机的基本参数是表征起重机工作性能的指标，也是施工现场选用起重机械的主要技术依据，它包括：起重量、起升高度、起重力矩、幅度、工作速度、结构重量和结构尺寸等。

1. 起重量

起重量是吊钩能吊起的重量，其中包括吊索、吊具及容器的重量。起重机允许起升物料的最大起重量称为额定起重量。通常情况下所讲的起重量，都是指额定起重量。

对于幅度可变的起重机，如塔式起重机、汽车起重机、履带起重机、门座起重机等臂架型起重机，起重量因幅度的改变而改变，因此每台起重机都有自己本身的起重量与起重幅度的对应表，称为起重特性表。如表 2-1 所示为 QT63 型塔式起重机起重特性表。根据两者关系所作的坐标曲线图称为特性曲线图。如图 2-3 所示为 QT63 型塔式起重机起重特性曲线。

QT63 型塔式起重机起重特性表　　　　　　表 2-1

幅度（m）		2～13.72		14	14.48	15	16	17	18	19
吊重（kg）	2 绳	3000		3000	3000	3000	3000	3000	3000	3000
	4 绳	6000		5865	5646	5426	5046	4712	4417	4154
幅度（m）		20	21	22	23	24	25	25.23	26	26.67
吊重（kg）	2 绳	3000	3000	3000	3000	3000	3000	3 000	2897	2812
	4 绳	3918	3706	3514	3339	3180	3032			
幅度（m）		27	28	29	30	31	32	33	34	35
吊重（kg）	2 绳	2772	2656	2549	2449	2355	2268	2186	2108	2036
	4 绳									

幅度（m）		36	37	38	39	40	41	42	43	44
吊重（kg）	2绳	1967	1902	1841	1783	1728	1676	1626	1578	1533
	4绳									

幅度（m）		45	46	47	48	49	50			
吊重（kg）	2绳	1490	1449	1409	1371	1335	1300			
	4绳									

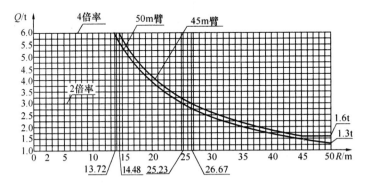

图 2-3 QT63 型塔式起重机起重特性曲线

在起重作业中，了解起重设备在不同幅度处的额定起重量非常重要，在已知所吊物体重量的情况下，根据特性表和曲线就可以得到起重的安全作业距离（幅度）。

2. 起重力矩

起重量与相应幅度的乘积为起重力矩，惯用计量单位为 t·m（吨·米），标准计量单位为 kN·m。换算关系：1 t·m＝10 kN·m。额定起重力矩是起重机工作能力的重要参数，它是起重机工作时保持其稳定性的控制值。起重机的起重量随着幅度的增加而相应递减。

3. 起升高度

起重机吊具最高和最低工作位置之间的垂直距离称为起升范围。起重吊具的最高工作位置与起重机的水准地平面之间的垂直距离称为起升高度，也称吊钩有效高度。塔机起升高度为混凝土基础表面（或行走轨道顶面）到吊钩的垂直距离。

4. 幅度

起重机置于水平场地时，空载吊具垂直中心线至回转中心线之间的水平距离称为幅度，当臂架倾角最小或小车离起重机回转中心距离最大时，起重机幅度为最大幅度；反之为最小幅度。

5. 工作速度

工作速度，按起重机工作机构的不同主要包括：起升（下降）速度、起重机（大车）运行速度、变幅速度、回转速度等。

（1）起升（下降）速度是指稳定运动状态下，额定载荷的垂直位移速度（m/min）。

（2）起重机（大车）运行速度是指稳定运行状态下，起重机在水平路面或轨道上，带额定载荷的运行速度（m/min）。

（3）变幅速度是指稳定运动状态下，吊臂挂最小额定载荷，在变幅平面内从最大幅度至最小幅度的水平位移平均速度（m/min）。

（4）回转速度是指稳定运动状态下，起重机转动部分的回转速度（r/min）。

6. 结构重量

起重机的各部件的重量，是起重机械运行、通过、组装时的重要数据。

7. 结构尺寸

移动式起重机的结构尺寸可分为行驶尺寸、运输尺寸和工作尺寸，可保证起重机械的顺利转场和工作时的环境适应。固定式起重机的外形尺寸是考虑环境影响的重要依据，例如塔机的尾部与周围建筑物及其外围施工设施之间的安全距离不小于 0.6m。

2.2 塔式起重机

塔式起重机主要用于房屋建筑施工中物料的垂直和水平输送及建筑构件的安装。塔式起重机简称塔机，亦称塔吊。塔式起重机在高层建筑施工中是不可缺少的施工机械。

塔机的起升高度一般为 40～60m，有的塔机起升高度随着建筑物高度可升高至 400m 以上，一般的回转半径在 30～60m，目前最大回转半径可达 100m。塔机在施工现场的应用大大减轻了建筑工人的劳动强度，提高了生产效率。

2.2.1 塔式起重机型号含义

根据《国家建筑机械与设备产品型号编制方法》的规定，塔式起重机的型号标识有明确的规则。如 QTZ80C 表示如下含义：

Q——"起重"汉语拼音的第一个字母

T——"塔式"汉语拼音的第一个字母

Z——"自升"汉语拼音的第一个字母

80——最大起重力矩，t·m

C——更新、变型代号

其中，更新、变型代号用英文字母表示；主要参数代号用阿拉伯数字表示，它等于塔式起重机额定起重力矩（单位为 kN·m）除以 10；组、型、特性代号含义如下：

QT——上回转塔式起重机

QTZ——上回转自升塔式起重机

QTA——下回转塔式起重机

QTK——快装塔式起重机

QTQ——汽车塔式起重机

QTL——轮胎塔式起重机

QTU——履带塔式起重机

QTH——组合塔式起重机

QTP——内爬升式塔式起重机

QTG——固定式塔式起重机

目前，许多塔式起重机厂家采用国外的标记方式进行编号，即用塔式起重机最大臂长（m）与臂端（最大幅度）处所能吊起的额定重量（kN）两个主参数来标记塔式起重机的型号。如 TC5013A，其含义：

T——"塔"的英文单词 Tower 的第一个字母

C——"起重机"的英文单词 Crane 的第一个字母

50——最大臂长 50m

13——臂端起重量 13kN

A——设计序号

另外，也有个别塔式起重机生产厂家根据企业标准编制型号。

2.2.2 塔式起重机分类及特点

1. 塔式起重机的分类

塔式起重机的分类方式有多种，从其主体结构与外形特征考虑，基本上可按架设方式、变幅方式、回转方式和行走方式区分。

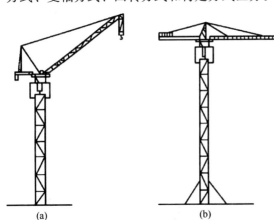

图 2-4 塔机按变幅方式分类

(a) 动臂变幅式；(b) 小车变幅式

（1）按架设方式分类

塔式起重机分为快装式塔式起重机和非快装式塔式起重机。

（2）按变幅方式分类

塔式起重机按变幅方式分为动臂变幅式塔式起重机和小车变幅式塔式起重机，如图 2-4 所示。

动臂变幅塔式起重机是靠起重臂仰俯来实现变幅的，如图 2-4（a）所示。其优点是：能充分发挥起重臂的有效高度，缺点是最小幅度被限制在最大幅度的 30％左右，不能完全靠近塔身。小车变幅式塔式起重机是靠水平起重臂轨道上安装的小车行走实现变幅的，如图 2-4（b）所示。其优点是：变幅范围大，载重小车可驶近塔身，能带负荷变幅。

（3）按臂架结构形式分类

小车变幅塔式起重机按臂架结构形式，分为定长臂小车变幅塔式起重机和伸缩臂小车变幅塔式起重机；按臂架支承形式，又可分为非平头式塔式起重机和平头式塔式起重机。如图 2-5（a）、图 2-5（c）、图 2-5（d）、图 2-5（e）所示，为非平头式塔式起重机；如图 2-5（b）所示，为平头式塔式起重机。

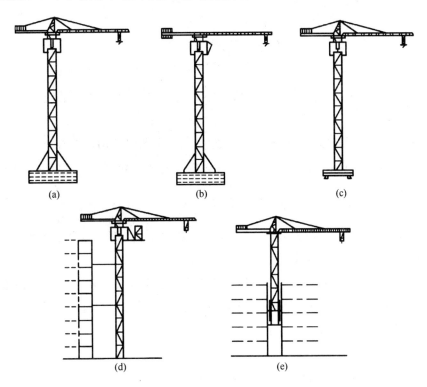

图 2-5　塔式起重机形式

（a）（b）（d）固定式；（c）轨道式；（e）内爬式

平头式塔式起重机的最大特点是无塔帽和臂架拉杆。由于臂架采用无拉杆式，此种设计形式很大程度上方便了空中变臂、拆臂等操作，避免了空中安拆拉杆的复杂性及危险性。

动臂变幅塔式起重机按臂架结构形式分为定长臂动臂变幅塔式起重机和铰接臂动臂变幅塔式起重机。

（4）按回转方式分类

塔式起重机按回转方式分为上回转式和下回转式塔式起重机，如图 2-6 所示。

上回转式塔式起重机将回转支承、平衡重、主要机构均设置在上端，其优点是能

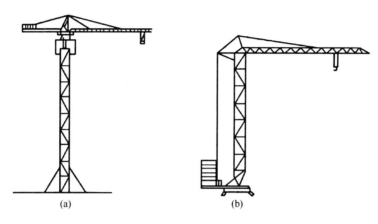

图 2-6　塔机按回转方式分类

（a）上回转式；（b）下回转式

够附着，达到较高的工作高度，由于塔身不回转，可简化塔身下部结构，顶升加节方便。

下回转式塔式起重机将回转支承、平衡重、主要机构等均设置在下端，其优点是塔身所受弯矩较少，重心低，稳定性好，安装维修方便；缺点是对回转支承要求较高，使用高度受到限制。

（5）按行走方式分类

塔式起重机按行走方式分为固定式、轨道式和内爬式三种，如图 2-5 所示。

2. 塔式起重机的性能参数

塔式起重机的主要技术性能参数包括起重力矩、起重量、幅度、自由高度（独立高度）、最大高度等。其他参数包括：工作速度、结构重量、尺寸、（平衡臂）尾部尺寸及轨距轴距等。

3. 塔式起重机的特点

（1）工作高度高，有效起升高度大，特别有利于分层、分段安装作业，能满足建筑物垂直运输的全高度。

（2）塔式起重机的起重臂较长，其水平覆盖面广。

（3）塔式起重机具有多种工作速度、多种作业性能，生产效率高。

（4）塔式起重机的驾驶室一般设在与起重臂同等高度的位置，司机的视野开阔。

（5）塔式起重机的构造较为简单，维修、保养方便。

2.2.3　塔式起重机工作原理及组成

塔式起重机由金属结构、工作机构、电气系统和安全装置等组成。

1. 金属结构

金属结构由起重臂、平衡臂、塔帽、回转总成、顶升套架、塔身、底架（行走式）

和附着装置等组成。如图 2-7 所示为小车变幅式塔式起重机结构示意图。

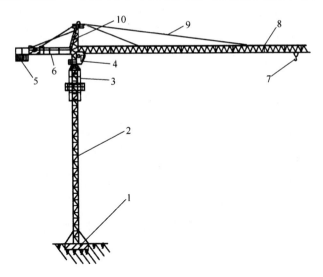

图 2-7 小车变幅式塔式起重机结构示意图

1—基础；2—塔身；3—顶升套架；4—驾驶室；5—平衡重；

6—平衡臂；7—吊钩；8—起重臂；9—拉杆；10—塔帽

2. 工作机构

工作机构包括起升机构、变幅机构、回转机构、行走机构、液压顶升机构等。

（1）起升机构

1）起升机构组成

起升机构通常由起升卷扬机、钢丝绳、滑轮组及吊钩等组成。

电机通电后通过联轴器带动变速箱进而带动卷筒转动，电机正转时，卷筒放出钢丝绳；电机反转时，卷筒收回钢丝绳，通过滑轮组及吊钩将重物提升或下降，如图 2-8 所示。

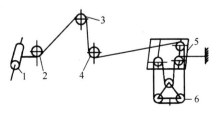

图 2-8 起升机构钢丝绳穿绕示意图

1—起升卷扬机；2—排绳滑轮；

3—塔帽导向轮；4—回转塔身导向滑轮；

5—变幅小车滑轮组；6—吊钩滑轮组

2）起升机构滑轮组倍率

起升机构中常采用滑轮组通过倍率的转换来改变起升速度和起重量。塔式起重机滑轮组倍率大多采用 2、4 或 6。当使用大倍率时，可获得较大的起重量，但降低了起升速度；当使用小倍率时，可获得较快的起升速度，但降低了起重量。

3）起升机构的调速

起升机构有多种速度，在轻载、空载以及起升高度较大时，均要求有较高的工作速度，以提高工作效率；在重载、运送大件物品以及被吊重物就位时，为了安全可靠和准确就位要求较低工作速度。起升机构的调速分有级调速（又可分为机械换挡和电气换挡）和无级调速两类。

各种不同的速度挡位对应于不同的起重量，以符合重载低速、轻载高速的要求。为了防止起升机构发生超载事故，有级变速的起升机构对荷载升降过程中的换挡应有明确的规定，并应设有相应的荷载限制安全装置，如起重量限制器上应按照不同挡位的起重量分别设置行程开关。

（2）变幅机构

塔式起重机的变幅机构也是一种卷扬机构，由电动机、变速箱、卷筒、制动器和机架组成。塔式起重机的变幅方式基本上有两类：一类是起重臂为水平形式，载重小车沿起重臂上的轨道移动而改变幅度，称为小车变幅式；另一类是利用起重臂俯仰运动而改变臂端吊钩的幅度，称为动臂变幅式。

小车变幅机构，如图2-9所示；小车变幅钢丝绳穿绕，如图2-10所示。

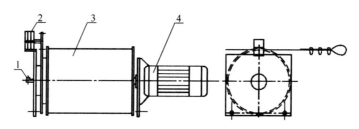

图 2-9 小车变幅机构示意图

1—注油孔；2—限位器；3—卷筒；4—电动机

（3）回转机构

塔式起重机回转机构由电动机、液力耦合器、制动器、变速箱和回转小齿轮等组成。回转机构的传动方式一般是电动机通过液力耦合器、变速箱带动小齿轮围绕大齿圈转动，驱动塔式起重机作回转运动，如图2-11所示。

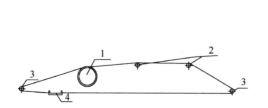

图 2-10 小车变幅钢丝绳穿绕示意图

1—滚筒；2—导向轮；

3—臂端导向轮；4—变幅小车

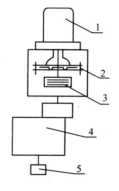

图 2-11 回转机构示意图

1—电动机；2—液力耦合器；3—制动器；

4—变速箱；5—回转小齿轮

　　塔式起重机回转机构具有调速和制动功能，调速系统主要有涡流制动绕线电机调速、多挡速度绕线电机调速、变频调速和电磁联轴节调速等，后两种可以实现无级调速。

　　塔式起重机的起重臂较长，迎风面较大，风载产生的扭矩大。因此，塔式起重机的回转机构一般均采用常开式制动器，即在非工作状态下，制动器松闸，使起重臂可以随风向自由转动，臂端始终指向顺风的方向。

　　（4）行走机构

　　行走机构的作用是驱动塔式起重机沿轨道行驶，只有移动式塔机有此机构。行走机构由电动机、减速箱、制动器、行走轮和台车等组成。

　　（5）液压顶升机构

　　液压顶升系统一般由泵站、液压缸、操纵阀、液压锁、油箱、滤油器、高低压管道等元件组成，如图 2-12 所示。

　　如图 2-13 所示，为 QTZ63 型塔式起重机液压顶升系统。该系统属侧向顶升系统，液压顶升系统的工作情况如下。

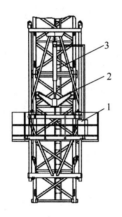

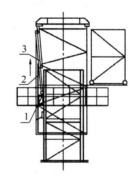

图 2-12　顶升机构示意图

1—泵站；2—顶升横梁；3—液压缸

图 2-13　QTZ63 型塔式起重机

顶升机构细节示意图

1—泵站；2—顶升横梁；3—液压缸

　　（1）顶升准备：使起重臂转到顶升套架的引进门方向，将装有引进轮的标准节吊放在引进平台的横梁上；再吊起一个标准节，将变幅小车开到距臂架绞点约 13m 处，使被顶升的部分的重心大体与顶升油缸中心重合，保证顶升部分重量平衡，同时启动制动器，使回转机构处于制动状态，防止臂架转动。

　　（2）顶升就位：启动泵站，操纵泵站手柄，使顶升油缸下端的顶升横梁两侧销轴落进塔身主弦杆的顶升踏步内，然后关掉泵站；拆掉下支撑座与塔身的连接螺栓，检查顶升有无障碍及其他机械故障，准备顶升；启动泵站，操纵手柄，使油缸顶起塔式起重机上部机构；当顶升套架上的爬爪高出上一个顶升踏步的上端面时，停止顶升，并操纵手柄使油缸回收，爬爪慢慢落在顶升踏步上端面。继续回收油缸，横梁被提起，当横梁两侧销轴达到顶升踏步时，再次顶升，活塞杆全伸后，即可将引进平台上的标准节引进至塔身正上方；将引进的标准节对准塔身顶端，操纵手柄使油缸回收，标准节随同上部结构落在塔身顶端。

（3）标准节固定：拆下标准节的引进滚轮，用 M30 高强度螺栓将塔身与引进的标准节连接好，至此完成一个标准节的顶升加节作业。继续加高标准节，步骤同上，直至达到所需要的高度为止。在顶升作业中，司机要听从指挥，严禁随意操作，防止臂架回转。

3. 电气系统

塔式起重机的电气系统由电源、电气设备、导线和低压电器组成。电源经过电缆由配电箱向上接至操作室开关盒内的空气开关再到电气控制柜，由设在操作室内的万能转换开关或联动台发生主令信号，对塔式起重机各机构进行操作控制。

（1）塔式起重机的电源

塔式起重机的电源一般采用 380V、50Hz，三相五线制供电，工作零线和保护零线分开。工作零线用于塔式起重机的照明等 220V 的电气回路中。专用保护零线，常称 PE 线，首端与电源端的工作零线相连，中间与工作零线无任何相连，末端进行重复接地。由于专用保护零线平时无任何电流流过，设备外壳接在保护零线上，不会产生任何电压，因此能起到比较可靠的保护作用。

（2）塔式起重机的电路

1）主电路：主电路是指从供电电源通向电动机或其他大功率电气设备的电路，主电路上流过的电流从几安培到几百安培不等。此电路还包括连接电机或大功率电气设备的开关、接触器、控制器等电器元件。

2）控制电路：控制电路中有接触器和继电器的线圈、触头、按钮、电铃、限位器以及其他小功率电器元件等。

3）辅助电路：辅助电路包括照明电路、信号电路、电热采暖电路以及制动器电路等。照明电路包括塔式起重机上下各种照明灯具和控制开关。辅助电路可以根据不同情况与主电路或控制电路相连。

（3）电气设备

塔式起重机的电气设备包括电机、控制电器（接触器、继电器、制动器）、保护电器（空气开关、限位开关、漏电保护器）、电阻器、配电柜、连接线路等。

4. 塔式起重机的安全装置的种类和作用

安全装置是塔式起重机的重要装置，其作用是使塔式起重机在允许载荷和工作空间中安全运行，保证设备和人身的安全。

（1）起升高度限位器

用以防止吊钩行程超越极限，以免碰坏起重机臂架结构和出现钢丝绳乱绳现象的装置。

（2）幅度限位器

1）小车变幅幅度限位器：用以使小车在到达臂架端部或臂架根部之前停车，防止小车发生越位事故的装置。

2）动臂变幅幅度限位器：用以阻止臂架向极限位置变幅，防止臂架倾翻的装置。

对动臂变幅的塔机，设置幅度限位开关，在臂架到达相应的极限位置前开关动作，用以停止臂架往极限方向变幅；对小车变幅的塔机，设置小车行程限位开关和终端缓冲装置，用以停止小车往极限位置变幅。

（3）回转限位器

用以限制塔式起重机的回转角度，以免扭断或损坏电缆。

（4）运行（行走）限位器

用于行走式塔式起重机，限制大车行走范围，防止出轨。

（5）起重力矩限制器

用以防止塔式起重机因超载而导致的整机倾翻事故。

（6）起重量限制器

用以防止塔式起重机超载起升的一种安全装置。

（7）小车断绳保护装置

用以防止变幅小车牵引绳断裂导致小车失控。

（8）小车防坠落装置

用以防止因变幅小车车轮失效而导致小车脱离臂架坠落。

（9）钢丝绳防脱装置

用来防止滑轮、起升卷筒及动臂变幅卷筒等钢丝绳脱离滑轮或卷筒。

（10）顶升防脱装置

用以防止自升式塔式起重机在正常加节、降节作业时，顶升装置从塔身支承中或油缸端头的连接结构中自行脱出。

（11）抗风防滑装置（轨道止挡装置）

用以防止行走式塔式起重机在遭遇大风时自行滑行，造成倾翻。

（12）报警装置

用以在塔式起重机载荷达到规定值时，向塔机司机自动发出声光报警信息。

（13）显示记录装置

用以以图形或字符方式向司机显示塔式起重机当前主要工作参数和额定能力参数。

显示的工作参数一般包含当前工作幅度、起重量和起重力矩；额定能力参数一般包含幅度及对应的额定起重量和额定起重力矩。

（14）风速仪

用以发出风速警报，提醒塔机司机及时采取防范措施。

（15）工作空间限制器

对单台塔式起重机，用以限制塔机进入某些特定的区域或进入该区域后不允许吊载；对群塔，用以限制塔机的回转、变幅和运行区域以防止塔机间机构、起升绳或吊重发生相互碰撞。

2.2.4 塔式起重机安全操作要求

（1）起重机在无线电台、电视台或其他近电磁波发射天线附近施工时，与吊钩接触的作业人员，应戴绝缘手套和穿绝缘鞋，并应在吊钩上挂接临时放电装置。

（2）起吊重物时，重物和吊具的总重量不得超过起重机相应幅度下规定的起重量。

（3）动臂式起重机的变幅应单独进行；允许带载变幅的，当载荷达到额定起重量的90％及以上时，严禁变幅。

（4）提升重物作水平移动时，应高出其跨越的障碍物0.5m以上。

（5）对于无中央集电环及起升机构不安装在回转部分的起重机，在作业时，不得顺一个方向连续回转。

（6）动臂式和尚未附着的自升式塔式起重机塔身上不得悬挂标语牌。

2.3 汽车起重机

2.3.1 汽车起重机概述

汽车起重机是装在普通汽车底盘或特制汽车底盘上的一种起重机，如图2-14所示，其行驶驾驶室与起重操纵室分开设置。这种起重机的优点是机动性好，转移迅速。缺点是工作时须支腿，不能负荷行驶，也不适合在松软或泥泞的场地上工作。

汽车起重机的底盘性能等同于同样整车总重的载重汽车，符合公路车辆的技术要求，因而可在各类公路上通行。此种起重机一般备有上、下车两个操纵室，作业时必须伸出支腿保持稳定。起重量的范围很大，可从8t至1000t；底盘的车轴数，可从2根到10根。汽车起重机由吊臂、伸缩油缸、回转机构、起升机构、驾驶室、行走底盘、支腿及水平伸缩油缸、配重等组成。

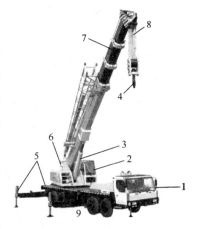

图2-14 汽车起重机结构图

1—下车驾驶室；2—上车驾驶室；

3—顶臂油缸；4—吊钩；5—支腿；

6—回转卷扬机构；7—起重臂；

8—钢丝绳；9—下车底盘

　　汽车起重机的四个支腿是保证起重机稳定性的关键因素，作业时要利用水平气泡将支承回转面调平，如地面松软不平或在斜坡上工作时，一定要在支腿垫盘下面垫以木板或铁板，将支腿位置调整好。

　　汽车起重机的稳定性和起重量，随起吊方向的不同而不同。稳定性较好的方向能起吊额定荷载，当转到稳定性差的方向起重量就会严重下降。有的汽车起重机的各个不同起吊方向的起重量有特殊的规定，但在一般的情况下，汽车起重机在车前作业区是不允许吊装作业的。在使用汽车起重机时，要认真按照产品说明书的规定执行。

2.3.2　汽车起重机分类

　　（1）按额定起重量分，一般额定起重量在 15t 以下的为小吨位汽车起重机，额定起重量在 16～25t 的为中吨位汽车起重机，额定起重量在 26t 以上的为大吨位汽车起重机。

　　（2）按吊臂结构分为定长臂汽车起重机、接长臂汽车起重机和伸缩臂汽车起重机三种。

　　1）定长臂汽车起重机多为小型机械传动起重机，采用汽车通用底盘，全部动力由汽车发动机供给。

　　2）接长臂汽车起重机的吊臂由若干节臂组成，分基本臂、顶臂和插入臂，可以根据需要，在停机时改变吊臂长度。由于桁架臂受力好，迎风面积小，自重轻，是大吨位汽车起重机的主要结构形式。

　　3）伸缩臂汽车起重机的结构特点是吊臂由多节箱形断面的臂互相套叠而成，利用装在臂内的液压缸，可以同时或逐节伸出或缩回。全部缩回时，可以有最大起重量；全部伸出时，可以有最大起升高度或工作半径。

　　（3）按动力传动方式分为机械传动、液压传动和电力传动三种。施工现场常用的是液压传动汽车起重机。

2.3.3　汽车起重机基本参数

　　汽车起重机的基本参数包括尺寸参数、质量参数、动力参数、行驶参数、性能参数及速度参数等。

　　（1）尺寸参数：整机长、宽、高，第一、二轴距，第三、四轴距，一轴轮距，二、三轴轮距。

　　（2）质量参数：行驶状态整机质量，一轴负荷，二、三轴负荷。

　　（3）动力参数：发动机型号，发动机额定功率，发动机额定扭矩，发动机额定转速，最高行驶数度。

　　（4）行驶参数：最小转弯半径，接近角，离去角，制动距离，最大爬坡能力。

　　（5）性能参数：最大额定起重量，最大额定起重力矩，最大起重力矩，基本臂长，最长主臂长度，副臂长度，支腿跨距，基本臂最大起升高度，基本臂全伸最大起升高度，（主臂＋副臂）最大起升高度。

（6）速度参数：起重臂变幅时间（起、落），起重臂伸缩时间，支腿伸缩时间，主起升速度，副起升速度，回转速度。

2.3.4　汽车起重机安全装置

1. 长度、角度传感器

长度、角度检测传感器，是安装在汽车起重机等有伸缩臂杆上的测长装置，如图 2-15 所示。长度、角度检测传感器由拉线盒和检测传感器组成。将拉线盒的钢丝拉线与汽车吊的伸缩头固定连接。当汽车吊臂伸缩时，带动拉线的伸缩，钢丝绳带动内部的检测电位器信号变化。传感器在采集该信号后，经过处理、判断并通过仪表显示出来，控制起重机吊臂相对于水平面的角度和提升高度等。

2. 力矩限制器

力矩限制器是汽车起重机重要的安全限制器，如图 2-16 所示，其主要作用如下：

图 2-15　长度、角度传感器　　　　　　图 2-16　力矩限制器

（1）过载限制：过载时，限制器自动停止伸臂、下变幅、起升动作，允许缩臂、上变幅、落钩动作。

（2）极限限制：达到额定荷载 1.3 倍时，仅能回转、落钩。

（3）数据采集功能：自动记录、存储作业的工况参数、时间、过载次数。

（4）顺序伸缩控制油缸动作，避免人为误操作。

2.3.5　汽车起重机安全操作规定

（1）作业前，应全部伸出支腿，调整机体使回转支撑面的倾斜斜度在无载荷时不大于 1/1000（水准居中）。支腿有定位销的必须插上。底盘为弹性悬挂的起重机，插支腿前应先收紧稳定器。

（2）应根据所吊重物的重量和提升高度，调整起重臂长度和仰角，并应估计吊索和重物本身的高度，留出适当空间。

（3）汽车式起重机起吊作业时，汽车驾驶室内不得有人，重物不得超越驾驶室上方，且不得在车的前方起吊。

（4）作业中发现起重机倾斜、支腿不稳等异常现象时，应立即使重物下降至安全的地方，下降中严禁制动。

（5）起吊重物达到额定起重量的 90％以上时，严禁下降起重臂，严禁同时进行两种及以上的操作动作。

（6）当轮胎式起重机带载行走时，道路必须平坦坚实，载荷必须符合出厂规定，重物离地面不得超过 500mm，并应拴好拉绳，缓慢行驶。

（7）行驶时，严禁人员在底盘走台上站立或蹲坐，并不得堆放物件。

2.4 履带起重机

履带起重机操纵灵活，本身能回转 360°，在平坦坚实的地面上能负荷行驶。由于履带接触地面面积大，通过性好，故履带起重机可在松软、泥泞的场地作业，可进行挖土、夯土、打桩等多种作业，适用于建筑工地的吊装作业，特别是单层工业厂房结构安装。但履带起重机稳定性较差，行驶速度慢且履带易损坏路面，转移时多用平板拖车装运。

2.4.1 履带起重机结构组成

履带起重机由动力装置、工作机构以及动臂、转台、底盘等组成，如图 2-17 所示。

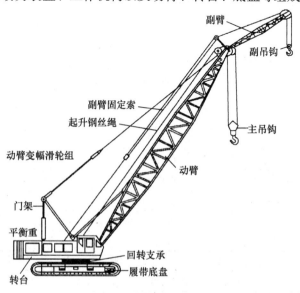

图 2-17 履带起重机结构图

1. 动臂

动臂为多节组装桁架结构，调整节数后可改变长度，其下端铰装于转台前部，顶端用变幅钢丝绳滑轮组悬挂支承，可改变其倾角。也有在动臂顶端加装副臂的，副臂与动臂成一定夹角。起升机构有主、副卷扬系统，主卷扬系统用于动臂吊重，副卷扬系统用于副臂吊重。

2. 转台

转台通过回转支承装在底盘上，可将转台上的全部重量传递给底盘，其上部装有动力装置、传动系统、卷扬机、操纵机构、平衡重和操作室等。动力装置通过回转机构可使转台作360°回转。回转支承由上、下滚盘和其间的滚动件（滚球、滚柱）组成，可将转台上的全部重量传递给底盘，并保证转台的自由转动。

3. 底盘

底盘包括行走机构和动力装置。行走机构由履带架、驱动轮、导向轮、支重轮、托链轮和履带轮等组成。动力装置通过垂直轴、水平轴和链条传动使驱动轮旋转，从而带动导向轮和支重轮，实现整机沿履带行走。

2.4.2 履带起重机基本参数

履带起重机的主要性能参数包括主臂工况、副臂工况、工作速度数据、发动机参数、结构重量等，见表2-2。

履带起重机性能参数　　　　　　　　　　　　表 2-2

项目	性能指标	单位
主臂工况	额定起重量	t
	最大起重力矩	t·m
	主臂长度	m
	主臂变幅角	(°)
主臂带超起工况	额定起重量	t
	最大起重力矩	t·m
	主臂长度	m
	超起桅杆长度	m
	主臂变幅角	(°)
项目	性能指标	单位
变幅副臂工况	额定起重量	t
	主臂长度	m
	副臂长度	m
	最长主臂+最长变幅副臂	m
	主臂变幅角	(°)
	副臂变幅角	(°)

项目	性能指标	单位
变幅副臂带超起工况	额定起重量	t
	主臂长度	m
	副臂长度	m
	最长主臂＋最长变幅副臂	m
	超起桅杆长度	m
	主臂变幅角	(°)
	副臂变幅角	(°)
速度数据	主（副）卷扬绳速	m/min
	主变幅绳速	m/min
	副变幅绳速	m/min
	超起变幅绳速	m/min
	回转速度	m/min
	行走速度	km/h
发动机	输出功率	kW
	额定转速	r/min
重量	整机重量（基本臂）	t
	后配重＋中央配重＋超起配重	t
	最大单件运输重量	t
	运输尺寸（长×宽×高）	mm
	接地比压	MPa

2.4.3 履带起重机安全装置

履带起重机一般设有起重量限制器、幅度显示器、力矩限制器、起升高度限位器、变幅限位器、臂架角度指示器、防臂架后倾装置、臂架变幅保险和吊钩保险等安全装置。

1. 臂架角度指示器

臂架角度指示器能够随着臂架仰角而变化，反映臂架与地面的夹角。通过臂架不同位置的仰角，对照起重机的性能表和性能曲线，就可知在某仰角时的幅度值、起重量、起升高度等各项参考数值。

2. 起升高度限位器

起升高度限位器又称过卷扬限制器，装在臂架端部滑轮组上限制吊钩起升高度，防止发生过卷扬事故。当吊钩起升到极限位置时，自动发出报警信号，切断动力源，停止起升。

3. 力矩限制器

力矩限制器是防止超载造成起重机失稳的限制器，当荷载力矩达到额定起重力矩时，自动发出报警信号，切断起升或变幅动力源。

4. 防臂架后倾装置

防臂架后倾装置，是防止臂架仰角过大时造成后倾的安全装置，当臂架起升到最大额定仰角时，不再仰臂。

2.4.4 履带起重机安全使用规定

（1）起重机应在平坦坚实的地面上作业、行走和停放。在作业时，工作坡度不得大于 5%，并应与沟渠、基坑保持安全距离。

（2）作业时，起重臂的最大仰角不得超过出厂规定。当无资料可查时，不得超过 78°。

（3）在起吊载荷达到额定起重量的 90% 及以上时，升降动作应慢速进行，严禁同时进行两种及以上动作，严禁下降起重臂。

（4）采用双机抬吊作业时，应选用起重性能相似的起重机进行。抬吊时应统一指挥，动作应配合协调，载荷应分配合理，起吊重量不得超过两台起重机在该工况下允许起重量总和的 75%，单机的起吊载荷不得超过允许载荷的 80%。在吊装过程中，两台起重机的吊钩滑轮组应保持垂直状态。

（5）当起重机带载行走时，起重量不得超过相应工况额定起重量的 70%，行走道路应坚实平整，起重臂位于行驶方向正前方向，载荷离地面高度不得大于 200mm，并应拴好拉绳，缓慢行驶，但不宜长距离带载行驶。

3 常用起重索具和吊具

3.1 钢丝绳

钢丝绳是起重作业中必备的重要部件，通常由多根钢丝捻成绳股，再由多股绳股围绕绳芯捻制而成。钢丝绳具有强度高、自重轻、弹性大等特点，能承受振动荷载、卷绕成盘、在高速下平稳运动且噪声小，被广泛用于捆绑物体以及起重机的起升、牵引、缆风等。

3.1.1 钢丝绳分类和标记

1. 分类

钢丝绳的种类较多，施工现场起重作业一般使用圆股钢丝绳。

按《重要用途钢丝绳》GB/T 8918—2006 标准，钢丝绳分类如下：

（1）按绳和股的断面、股数和股外层钢丝绳的数目分类，见表 3-1。

钢丝绳分类　　　　　　　　　　　　表 3-1

组别	类别	分类原则	典型结构		直径范围（mm）
			钢丝绳	股绳	
1		6 个圆股，每股外层丝可到 7 根，中心丝（或无）外捻制 1～2 层钢丝，钢丝等捻距	6×7	(1+6)	8～36
			6×9W	(3/3+3)	14～36
2	圆股钢丝绳	6 个圆股，每股外层丝 8～12 根，中心丝外捻制 2～3 层钢丝，钢丝等捻距	6×19S	(1+9+9)	12～36
			6×19W	(1+6/6+6)	12～40
		6×19	6×25Fi	(1+6+6F+12)	12～44
			6×26WS	(1+5+5/5+10)	20～40
			6×31WS	(1+6+6/6+12)	22～46
3		6 个圆股，每股外层丝 14～18 根，中心丝外捻制 3～4 层钢丝，钢丝等捻距	6×29Fi	(1+7+7F+14)	14～44
			6×36WS	(1+7+7/7+14)	18～60
		6×37	6×37S(点线接触)	(1+6+15+15)	20～60
			6×41WS	(1+8+8/8+16)	32～56
			6×49SWS	(1+8+8+8/8+16)	36～60
			6×55SWS	(1+9+9+9/9+18)	36～64

组别	类别		分类原则	典型结构		直径范围 (mm)
				钢丝绳	股绳	
4	圆股钢丝绳	8×19	8 个圆股，每股外层丝 8~12 根，中心丝外捻制 2~3 层钢丝，钢丝等捻距	8×19S	(1+9+9)	20~44
				8×19W	(1+6+6/6)	18~48
				8×25Fi	(1+6+6F+12)	16~52
				8×26WS	(1+5+5/5+10)	24~48
				8×31WS	(1+6+6/6+12)	26~56
5		8×37	8 个圆股，每股外层丝 14~18 根，中心丝外捻制 3~4 层钢丝，钢丝等捻距	8×36WS	(1+7+7/7+14)	22~60
				8×41WS	(1+8+8/8+16)	40~56
				8×49SWS	(1+8+8+8/8+16)	44~64
				8×55SWS	(1+9+9+9/9+18)	44~64
6		18×7	钢丝绳中有 17 个或 18 个圆股，每股外层丝 4~7 根，在纤维芯或钢芯外捻制 2 层股	17×7	(1+6)	12~60
				18×7	(1+6)	12~60
7	圆股钢丝绳	18×19	钢丝绳中有 17 或 18 个圆股，每股外层丝 8~12 根，钢丝等捻距，在纤维芯或铜芯外捻制 2 层股	18×19W	(1+6+6/6)	24~60
				18×19S	(1+9+9)	28~60
8		34×7	钢丝绳中有 34~36 个圆股，每股外层丝可到 7 根，在纤维芯或钢芯外捻制 3 层股	34×7	(1+6)	16~60
				36×7	(1+6)	20~60
9		35W×7	钢丝绳中有 24~40 个圆股，每股外层丝 4~8 根，在纤维芯或钢芯(钢丝)外捻制 3 层股	35W×7	(1+6)	16~60
				24W×7		
10	异股钢丝绳	6V×7	6 个三角形股，每股外层丝 7~9 根，三角形股芯外捻制 1 层钢丝	6V×18	(/3×2+3/+9)	20~36
				6V×19	(/7×7+3/+9)	20~36
11		6V×19	6 个三角形股，每股外层丝 10~14 根，三角形股芯或纤维芯外捻制 2 层钢丝	6V×21	(FC+9+12)	18~36
				6V×24	(FC+12+12)	18~36
				6V×30	(6+12+12)	20~38
				6V×34	(/1×7+3/+12+12)	28~44

续表

组别	类别	分类原则	典型结构		直径范围 (mm)
			钢丝绳	股绳	
12	6V×37	6 个三角形股，每股外层丝 15~18 根，三角形股芯外捻制 2 层钢丝	6V×37 6V×37S 6V×43	(/1×7+3/+12+15) (/1×7+3/+12+15) (/1×7+3/+15+18)	32~52 32~52 38~58
13	异股钢丝绳	4V×39	4 个扇形股，每股外层丝 15~18 根，纤维股芯外捻制 3 层钢丝	4V×39S 4V×48S	(FC+9+15+15) (FC+12+18+18)	16~36 20~40
14		6Q×19+6V×21	钢丝绳中有 12~14 个股，在 6 个三角形股外，捻制 6~8 个椭圆股	6Q×19+6V×21 6Q×33+6V×21	外股(5+14) 内股(FC+9+12) 外股(5+13+15) 内股(FC+9+12)	40~52 40~60

注：1. 13 组及 11 组中异形股钢丝绳中 6V×21、6V×24 结构仅为纤维绳芯，其余组别的钢丝绳，可由需方指定纤维芯或钢芯。

2. 三角形股芯的结构可以相互代替，或改用其他结构的三角形股芯，但应在订货合同中注明。

施工现场常见钢丝绳的断面如图 3-1、图 3-2 所示。

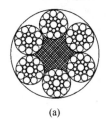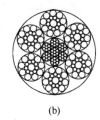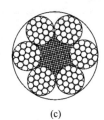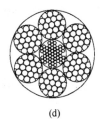

(a)　　　　　　(b)　　　　　　(c)　　　　　　(d)

图 3-1　6×19 钢丝绳断面图

(a) 6×19S+FC；(b) 6×19S+IWR；(c) 6×19W+FC；(d) 6×19W+IWR

（2）钢丝绳按捻法分为右交互捻（ZS）、左交互捻（SZ）、右同向捻（ZZ）和左同向捻（SS）四种，如图 3-3 所示。

（3）钢丝绳按绳芯不同分为纤维芯和钢芯。纤维芯钢丝绳比较柔软，易弯曲，纤维芯可浸油用作润滑、防锈，减少钢丝间的摩擦；金属芯的钢丝绳耐高温、耐重压、硬度大、不易弯曲。

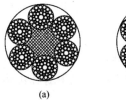

(a)　　　　　(b)

图 3-2　6×37S 钢丝绳断面图

(a) 6×37S+FC；(b) 6×37S+IWR

2. 标记

根据《钢丝绳 术语、标记和分类》GB/T 8706—2017 标准，钢丝绳的标记格式如图 3-4 所示。

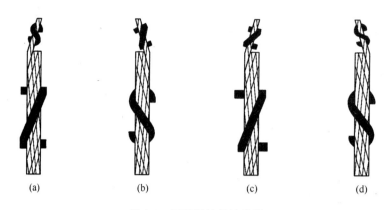

图 3-3　钢丝绳按捻法分类

（a）右交互捻；（b）左交互捻；（c）右同向捻；（d）左同向捻

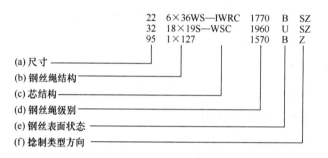

图 3-4　钢丝绳的标记示例

3.1.2　钢丝绳选用和维护

1. 钢丝绳的选用

起重机上只应安装由起重机制造商指定的具有标准长度、直径、结构和破断拉力的钢丝绳，除非经起重机设计人员、钢丝绳制造商或有资格人员的准许，才能选择其他钢丝绳。选用其他钢丝绳时应遵循下列原则：

（1）所用钢丝绳长度应满足起重机的使用要求，并且在卷筒上的终端位置应至少保留三圈钢丝绳。

（2）应遵守起重机手册和由钢丝绳制造商给出的使用说明书中的规定，并必须有产品检验合格证。

（3）能承受所要求的拉力，保证足够的安全系数。

（4）能保证钢丝绳受力不发生扭转。

（5）耐疲劳，能承受反复弯曲和振动作用。

（6）有较好的耐磨性能。

（7）与使用环境相适应。

1）高温或多层缠绕的场合宜选用金属芯。

2）高温、腐蚀严重的场合宜选用石棉芯。

3）有机芯易燃，不能用于高温场合。

2. 安全系数

在钢丝绳受力计算和选择钢丝绳时，考虑到钢丝绳受力不均、负荷不准确、计算方法不精确和使用环境较复杂等一系列不利因素，应给予钢丝绳一个储备能力。因此确定钢丝绳的受力时必须考虑一个系数作为储备能力，这个系数就是选择钢丝绳的安全系数。起重用钢丝绳必须预留足够的安全系数，是基于以下因素确定的：

（1）钢丝绳的磨损、疲劳破坏、锈蚀、不恰当使用、尺寸误差、制造质量缺陷等不利因素带来的影响。

（2）钢丝绳的固定强度达不到钢丝绳本身的强度。

（3）由于惯性及加速作用（如启动、制动、振动等）而造成的附加载荷的作用。

（4）由于钢丝绳通过滑轮槽时的摩擦阻力作用。

（5）吊重时的超载影响。

（6）吊索及吊具的超重影响。

（7）钢丝绳在绳槽中反复弯曲而造成的危害的影响。

钢丝绳的安全系数是不可缺少的安全储备，绝不允许凭借这种安全储备而擅自提高钢丝绳的最大允许安全载荷。钢丝绳的安全系数见表3-2。

钢丝绳的安全系数　　　　　　　表3-2

用　途	安全系数	用　途	安全系数
用于缆风	3.5	作吊索、无弯曲时	6～7
用于手动起重设备	4.5	作捆绑吊索	8～10
用于机动起重设备	5～6	用于载人的升降机	8～10

3. 钢丝绳的储存

（1）装卸运输过程中应谨慎小心，卷盘或绳卷不允许坠落，也不允许用金属吊钩或叉车的货叉直接插入钢丝绳，以免对钢丝绳造成任何意外损伤。

（2）钢丝绳应储存在清洁、通风良好、干燥、无灰尘、有遮挡的场所。如果不能储存在室内，则钢丝绳应用防水材料覆盖以免因湿气导致锈蚀。

（3）钢丝绳在储存期间或出入库搬运时，其储存和搬运方式、防护措施均不得对钢丝绳造成任何意外损坏。

（4）钢丝绳不允许储存在易受化学烟雾、蒸汽或其他腐蚀性介质侵袭的场所。

（5）如果钢丝绳以轮轴包装供货，长期（特别是在炎热的环境中）存放时，则应定期转动轮轴，以防止钢丝绳中的油脂流失。

（6）钢丝绳经受高温会影响其性能，极端情况下钢丝绳原制造状态下的破断拉力会大幅度降低，以致不能满足安全使用要求，因此钢丝绳不得储存在易受高温影响的场所。

（7）钢丝绳不得与地面有任何直接接触，轮轴的放置应保证其底部空气流通。

4. 钢丝绳的展开

（1）当钢丝绳从卷盘或绳卷展开时，应采取各种措施避免绳的扭转或降低钢丝绳扭转的程度。当由钢丝绳卷直接往起升机构卷筒上缠绕时，应把整卷钢丝绳架在专用的支架上，采取保持张紧呈直线状态的措施，以免在绳内出现结环、扭结或弯曲的状况，如图 3-5 所示。

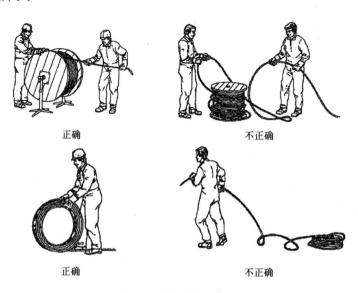

正确　　　　　　　　　　　　不正确

正确　　　　　　　　　　　　不正确

图 3-5　钢丝绳的展开

（2）展开时的旋转方向应与起升机构卷筒上绕绳的方向一致；卷筒上绳槽的走向应同钢丝绳的捻向相适应。

（3）在钢丝绳展开和重新缠绕过程中，应有效控制卷盘的旋转惯性，使钢丝绳按顺序缓慢地释放或收紧。应避免钢丝绳与污泥接触，尽可能保持清洁，以防止钢丝绳生锈。

（4）禁止采用将钢丝绳从静止不动的盘卷中直接拉出的解卷方法，因为这样操作会将钢丝绳卷进盘卷中并形成扭结，如图 3-5 所示。

（5）钢丝绳严禁与电焊线碰触。

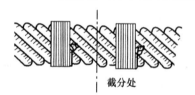

截分处

图 3-6　钢丝绳的扎结与截断

5. 钢丝绳的捆扎与切割

（1）切断钢丝绳前，应在切割标记的两侧将钢丝绳捆扎牢固，对于多股钢丝绳每个捆扎的长度至少应等于钢丝绳直径的两倍，如图 3-6。

（2）对于预变形钢丝绳，通常切割标记的两侧各一个捆扎就足够了；对于非预变形钢丝绳、阻旋转钢丝绳和平行捻密实钢丝绳，切割标记两侧最少各有两个捆扎；对于多丝单股绳、粗直径钢丝绳、同向捻钢丝绳，切割标记两侧最少各有三个捆扎，且 $L \geqslant 3d$。

（3）切割钢丝绳时最好采用高速砂轮切割机，也可以使用其他合适的机械或液压剪切设备。但当钢丝绳的末端采用电焊或铜焊时不推荐使用此切割方法。切割钢丝绳时要保证通风良好，以避免任何来自钢丝绳及其组件的烟气聚集。

6. 钢丝绳的安装

钢丝绳在安装时，不应随意乱放，即转动既不应使之绕进也不应使之绕出。钢丝绳应总是同向弯曲，即从卷盘顶端到卷筒顶端，或从卷盘底部到卷筒底部释放均应同向。钢丝绳的使用寿命，在很大程度上取决于安装方式是否正确，因此，要由训练有素的技工细心地安装，并应在安装时将钢丝绳涂满润滑脂。

安装钢丝绳时，必须注意检查钢丝绳的捻向。如俯仰变幅动臂式塔机的臂架拉绳捻向必须与臂架变幅绳的捻向相同。起升钢丝绳的捻向必须与起升卷筒上的钢丝绳绕向相反。

如果在安装期间起重机的任何部分对钢丝绳产生摩擦，则接触部位应采取有效地保护措施。

7. 钢丝绳的固定与连接

钢丝绳与卷筒、吊钩滑轮组或起重机结构的连接，应采用起重机制造商规定的钢丝绳端接装置，或经起重机设计人员、钢丝绳制造商或有资格人员的准许的供选方案。

终端固定应确保安全可靠，并且应符合起重机手册的规定。常用的连接和固定方式有以下几种，如图 3-7 所示：

（1）编结连接，如图 3-7（a）所示，编结长度不应小于钢丝绳直径的 15 倍，且不应小于 300mm；连接强度不小于钢丝绳破断拉力的 75%。

（2）楔块、楔套连接，如图 3-7（b）所示，钢丝绳一端绕过楔块，利用楔块在套筒内的锁紧作用使钢丝绳固定。固定处的强度约为钢丝绳自身强度的 75%～85%。楔

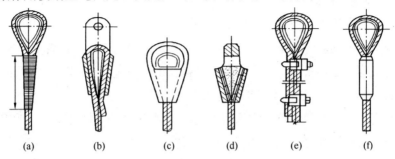

图 3-7　钢丝绳固接

（a）编结连接；（b）楔块、楔套连接；（c），（d）锥形套浇铸法；
（e）绳夹连接；（f）铝合金套压缩法

套应用钢材制造,连接强度不小于钢丝绳破断拉力的75%。

(3)锥形套浇铸法,如图3-7(c)、图3-7(d)所示,先将钢丝绳拆散,切去绳芯后插入锥套内,再将钢丝绳末端弯成钩状,然后灌入熔融的铅液,最后经过冷却即成。

(4)绳夹连接,如图3-7(e)所示,绳夹连接简单、可靠,被广泛应用,详见3.2节钢丝绳夹。

(5)铝合金套压缩法,如图3-7(f)所示,钢丝绳末端穿过锥形套筒后松散钢丝,将头部钢丝弯成小钩,浇入金属液凝固而成。其连接应满足相应的工艺要求,固定处的强度与钢丝绳自身的强度大致相同。

8. 使用前试运转

钢丝绳在起重机上投入使用之前,用户应确保与钢丝绳运行关联的所有装置运转正常。为使钢丝绳及其附件调整到适应实际使用状态,应对机构在低速和大约10%左右的额定工作载荷的状态下进行多次操作循环运转操作。

9. 钢丝绳的维护

(1)对钢丝绳所进行的维护应与起重机的类型、使用频率、环境条件以及所涉及的钢丝绳类型有关。在钢丝绳寿命周期内,在出现干燥或腐蚀迹象前,应按照规范《钢丝绳安全、使用和维护》GB/T 29086—2012的要求,定期为钢丝绳润滑,尤其是经过滑轮和进出卷筒的区段以及与平衡滑轮同步运动的区段。有时为了提高润滑效果,需在润滑前将钢丝绳清理干净。

钢丝绳的润滑油(脂)应与钢丝绳制造商使用的原始润滑油(脂)一致,且具有渗透力强的特性。如果钢丝绳润滑在起重机手册中不能确定,则用户应征询钢丝绳制造商的建议。

钢丝绳较短的使用寿命源于缺乏维护,尤其是起重机在有腐蚀性的环境中使用,以及由于与操作有关的各种原因,例如在禁止使用钢丝绳润滑剂的场合下使用。针对这种情况,钢丝绳的检验周期应相应缩短。

(2)钢丝绳维护规程

1)钢丝绳在卷筒上,应按顺序整齐排列。

2)荷载由多根钢丝绳支承时,应设有各根钢丝绳受力的均衡装置。

3)起升机构和变幅机构,不得使用编结接长的钢丝绳。使用其他方法接长钢丝绳时,必须保证接头连接强度不小于钢丝绳破断拉力的90%。

4)起升高度较大的起重机,宜采用不旋转、无松散倾向的钢丝绳。采用其他钢丝绳时,应有防止钢丝绳和吊具旋转的装置或措施。

5)当吊钩处于工作位置最低点时,钢丝绳在卷筒上的缠绕,除固定绳尾的圈数外,一般不少于3圈。

6)吊运熔化或炽热金属的钢丝绳,应采用石棉芯等耐高温的钢丝绳。

7）钢丝绳应防止损伤、腐蚀或其他物理、化学因素造成的性能降低。

8）钢丝绳展开时，应防止打结或扭曲。

9）钢丝绳切断时，应有防止绳股散开的措施。

10）安装钢丝绳时，不应在不洁净的地方拖线，也不应缠绕在其他物体上，应防止划、磨、碾、压和过度弯曲。

11）钢丝绳应保持良好的润滑状态。所用润滑剂应符合该绳的要求，并且不影响外观检查。润滑时应特别注意不易看到和润滑剂不易渗透到的部位，如平衡滑轮处的钢丝绳。

12）领取钢丝绳时，必须检查该钢丝绳的合格证，以保证机械性能、规格符合设计要求。

13）对日常使用的钢丝绳每天都应进行检查，包括对端部的固定连接、平衡滑轮处的检查，并作出安全性的判断。

14）钢丝绳的润滑。

对钢丝绳定期进行系统润滑，可保证钢丝绳的性能，延长使用寿命。润滑之前，应将钢丝绳表面上积存的污垢和铁锈清除干净，最好是用镀锌钢丝刷将钢丝绳表面刷净。钢丝绳表面越干净，润滑油脂就越容易渗透到钢丝绳内部去，润滑效果就越好。钢丝绳润滑的方法有刷涂法和浸涂法。刷涂法就是人工使用专用的刷子，把加热的润滑脂涂刷在钢丝绳的表面上。浸涂法就是将润滑脂加热到60 ℃，然后使钢丝绳通过一组导辊装置被张紧，同时使之缓慢地在容器里的熔融润滑脂中通过。

3.1.3 钢丝绳的检验检查

由于起重钢丝绳在使用过程中反复受到拉伸、弯曲，当拉伸、弯曲的次数超过一定数值后，会使钢丝绳出现一种叫"金属疲劳"的现象，导致钢丝绳很容易损坏。同时当钢丝绳受力伸长时钢丝绳之间产生摩擦，绳与滑轮槽底、绳与起吊件之间的摩擦等，使钢丝绳在使用一定时间后就会出现磨损、断丝现象。此外，由于使用、贮存不当，也可能造成钢丝绳的扭结、退火、变形、锈蚀、表面硬化、松捻等。钢丝绳在使用期间，一定要按规定进行定期检查，及早发现问题、及时保养或者更换报废，以保证钢丝绳的安全使用。

1. 检验周期

（1）日常外观检验

每个工作日都应该对钢丝绳工作区段进行外观检查，目的是发现一般的劣化现象或机械损伤。此项检查还应包括钢丝绳与起重机上的连接部位，对发现的损坏、变形等任何可疑变化情况都应报告，并由主管人员按照规范进行检查。

（2）定期检验

定期检验应该按规范进行，为确定定期检验的周期，还应考虑如下几点：

1）国家关于钢丝绳应用的法规要求。

2）起重机的类型及工作现场的环境状况。

3）机构的工作级别。

4）前期检验结果。

5）在检查同类起重钢丝绳过程中获取的经验。

6）钢丝绳已使用的时间。

7）使用频率。

流动式起重机和塔式起重机用钢丝绳至少应按主管人员的决定每月检查一次或更多次。根据钢丝绳的使用情况，主管人员有权决定缩短检查的时间间隔。

（3）事故后的检查

如果发生了可能导致钢丝绳及其绳端固定装置损伤的事故，应在重新开始工作前按照定期检查的规定，或按照主管人员的要求，检查钢丝绳及其绳端固定装置。

（4）起重机停用一段时间后的检查

如果起重机停用 3 个月以上，在重新使用前，应按照定期检查的规定对钢丝绳进行定期检查。

（5）在合成材料滑轮或带合成材料衬套的金属滑轮上使用的钢丝绳的检验

1）在纯合成材料或部分采用合成材料制成的或带有合成材料轮衬的金属滑轮上使用的钢丝绳，如其外层发现有明显可见的断丝或磨损痕迹时，其内部可能早已产生了大量断丝。在这些情况下，应根据以往的钢丝绳使用记录制定钢丝绳专项检验进度表，其中既要考虑使用中的常规检查结果，又要考虑从使用中撤下的钢丝绳的详细检验记录。

2）应特别注意已出现干燥或润滑剂变质的局部区域。

3）对专用起重设备用钢丝绳的报废标准，应以起重机制造商和钢丝绳制造商之间交换的资料为基础。

4）根据钢丝绳的使用情况，主管人员有权决定缩短检查的时间间隔。

2. 检验部位

钢丝绳应作全长检查，还应特别注意下列各部位：

（1）卷筒上的钢丝绳固定点。

（2）钢丝绳绳端固定装置上及附近的区段。

（3）经过一个或多个滑轮的区段。

（4）经过安全载荷指示器滑轮的区段。

（5）经过吊钩滑轮组的区段。

（6）进行重复作业的起重机，吊载时位于滑轮上的区段。

（7）位于平衡滑轮上的区段。

（8）经过缠绕装置的区段。

（9）缠绕在卷筒上的区段，特别是多层缠绕时的交叉重叠区域。

（10）因外部原因导致磨损的区段。

（11）暴露在热源下的部位。

3. 内部检查和外部检查

对钢丝绳不同部位的检查主要分为内部检查和外部检查。

（1）钢丝绳外部检查

1）直径检查：直径是钢丝绳极其重要的参数。通过对直径的测量，可以反映该处直径的变化速度、钢丝绳是否受到过较大的冲击荷载、捻制时股绳张力是否均匀一致、绳芯对股绳是否保持了足够的支撑能力。钢丝绳直径应用带有宽钳口的游标卡尺测量。其钳口的宽度要足以跨越两个相邻的股，如图 3-8 所示。

2）磨损检查：钢丝绳在使用过程中产生磨损现象不可避免。通过对钢丝绳磨损检查，可以反映钢丝绳与匹配轮槽的接触状况，在无法随时进行性能试验的情况下，根据钢丝磨损程度推测钢丝绳实际承载能力。钢丝绳的磨损情况检查主要靠目测。

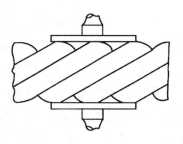

3）断丝检查：钢丝绳在投入使用后，肯定会出现断丝现象，尤其是到了使用后期，断丝发展速度会迅速加快。由于钢丝绳在使用过程中不可能一旦出现断丝现

图 3-8　钢丝绳直径测量方法

象即停止继续运行，因此，通过断丝检查，尤其是对一个捻距内断丝情况检查，不仅可以推测钢丝绳继续承载的能力，而且根据出现断丝根数的发展速度间接预测钢丝绳使用疲劳寿命。钢丝绳的断丝情况检查主要靠目测计数。

4）润滑检查：通常情况下，新出厂钢丝绳大部分在生产时已经进行了润滑处理，但在使用过程中，润滑油脂会流失减少。鉴于润滑不仅能够对钢丝绳在运输和存储期间起到防腐保护作用，而且能够减少钢丝绳使用过程中钢丝之间、股绳之间和钢丝绳与匹配轮槽之间的摩擦，对延长钢丝绳使用寿命十分有益。因此，为了使腐蚀、摩擦对钢丝绳的危害降到最低限度，进行润滑检查十分必要。钢丝绳的润滑情况检查主要靠目测。

（2）钢丝绳内部检查

对钢丝绳进行内部检查要比进行外部检查困难得多，但由于内部损坏（主要由锈蚀和疲劳引起的断丝）隐蔽性更大，因此，为保证钢丝绳安全使用，必须在适当的部位进行内部检查。

如图 3-9 所示，检查时将两个尺寸合适的夹钳相隔 100～200mm 夹在钢丝绳上反方向转动，股绳便会脱起。操作时，必须十分仔细，以避免股绳被过度移位造成永久变形（导致钢丝绳结构破坏）。如图 3-10 所示，小缝隙出现后，用螺钉旋具之类的探针拨动股绳并把妨碍视线的油脂或其他异物拨开，对内部润滑、钢丝锈蚀、钢丝及钢丝间相互运动产生的磨痕等情况进行仔细检查。检查断丝一定要认真，因为钢丝断头一般不会翘起，不容易被发现。检查完毕后，稍用力转回夹钳，以使股绳完全恢复到原来位置。如果上述过程操作正确，钢丝绳不会变形。对靠近绳端的绳段特别是对固定钢丝绳应加以注意，如支持绳或悬挂绳。

 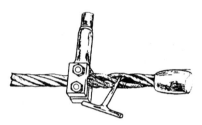

图 3-9　对一段连续钢丝绳作　　　　图 3-10　对靠近绳端装置的钢丝绳
内部检验（张力为零）　　　　　　　尾部作内部检验（张力为零）

（3）钢丝绳使用条件检查

前面叙述的检查仅是对钢丝绳本身而言，这只是保证钢丝绳安全使用要求的一个方面。除此之外，还必须对与钢丝绳使用的外围条件——匹配轮槽的表面磨损情况、轮槽几何尺寸及转动灵活性进行检查，以保证钢丝绳在运行过程中与其始终处于良好的接触状态、运行摩擦阻力最小。

4．无损检测

用电磁方法进行无损检测（NDT）可以用来帮助外观检查确定钢丝绳上可能劣化区段的位置。如果计划在钢丝绳寿命期内对钢丝绳的某些点进行电磁无损检测，宜在钢丝绳寿命期的初期进行（可以在钢丝绳制造阶段，或钢丝绳安装期间，最好是在钢丝绳安装后），并作为将来进行对比的参考点（有时被称为"钢丝绳识别标志"）。

3.1.4　钢丝绳的报废

钢丝绳经过一段时间的使用，其表面的钢丝发生磨损和弯曲疲劳，使钢丝绳表层的钢丝逐渐折断，折断的钢丝数量越多，其他未断的钢丝承担的拉力越大，疲劳与磨损愈甚，促使断丝速度加快，这样便形成恶性循环。当断丝发展到一定程度，保证不了钢丝绳的安全性能，届时钢丝绳不能继续使用，则应予以报废。钢丝绳的报废还应考虑磨损、腐蚀、变形等情况。钢丝绳的报废应考虑以下项目：

（1）可见断丝。

（2）钢丝绳直径的减小。

（3）断股。

（4）腐蚀。

（5）畸形和损伤。

3.1.5 钢丝绳计算

在施工现场起重作业中，通常会有两种情况：一是已知重物重量选用钢丝绳；二是利用现场钢丝绳起吊一定重量的重物。在允许的拉力范围内使用钢丝绳，是确保钢丝绳使用安全的重要原则。因此，根据现场情况计算钢丝绳的受力，对于选用合适的钢丝绳显得尤为重要。钢丝绳的允许拉力与其最小破断拉力、工作环境下的安全系数相关。

1. 钢丝绳的最小破断拉力

钢丝绳的最小破断拉力与钢丝绳的直径、结构（几股几丝和芯材）及钢丝的强度有关，是钢丝绳最重要的力学性能参数，其计算公式如下：

$$F_0 = \frac{K' \cdot D^2 \cdot R_0}{1000} \tag{3-1}$$

式中　F_0——钢丝绳最小破断拉力，kN；

　　　D——钢丝绳公称直径，mm；

　　　R_0——钢丝绳公称抗拉强度，MPa；

　　　K'——指定结构钢丝绳最小破断拉力系数。

可以通过查询钢丝绳质量证明书或力学性能表，得到该钢丝绳的最小破断拉力。建筑施工现场常用的 6×19、6×37 两种钢丝绳的力学性能见表 3-3 和表 3-4。

6×19 系列钢丝绳力学性能表　　　　　　表 3-3

钢丝绳公称直径	钢丝绳近似质量			钢丝绳公称抗拉强度（MPa）									
				1570		1670		1770		1870		1960	
				钢丝绳最小破断拉力									
D	天然纤维芯钢丝绳	合成纤维芯钢丝绳	钢芯钢丝绳	纤维芯钢丝绳	钢芯钢丝绳	纤维芯钢丝绳	钢芯钢丝绳	纤维芯钢丝绳	钢芯钢丝绳	纤维芯钢丝绳	钢芯钢丝绳	纤维芯钢丝绳	钢芯钢丝绳
mm	kg/100m			kN									
12	53.10	51.80	58.40	74.60	80.50	79.40	85.60	84.10	90.70	88.90	95.90	93.10	100.00
13	62.30	60.80	68.50	87.50	94.40	93.10	100.00	98.70	106.00	104.00	113.00	109.00	118.00
14	72.20	70.50	79.50	101.00	109.00	108.00	117.00	114.00	124.00	121.00	130.00	127.00	137.00
16	94.40	92.10	104.00	133.00	143.00	141.00	152.00	149.00	161.00	157.00	170.00	166.00	179.00
18	119.00	117.00	131.00	167.00	181.00	178.00	192.00	189.00	204.00	199.00	215.00	210.00	226.00
20	147.00	144.00	162.00	207.00	223.00	220.00	237.00	233.00	252.00	246.00	266.00	259.00	279.00
22	178.00	174.00	196.00	250.00	270.00	266.00	287.00	282.00	304.00	298.00	322.00	313.00	338.00
24	212.00	207.00	234.00	298.00	321.00	317.00	342.00	336.00	362.00	355.00	383.00	373.00	402.00
26	249.00	243.00	274.00	350.00	377.00	372.00	401.00	394.00	425.00	417.00	450.00	437.00	472.00

续表

钢丝绳公称直径	钢丝绳近似质量			钢丝绳公称抗拉强度（MPa）										
				1570		1670		1770		1870		1960		
				钢丝绳最小破断拉力										
D	天然纤维芯钢丝绳	合成纤维芯钢丝绳	钢芯钢丝绳	纤维芯钢丝绳	钢芯钢丝绳	纤维芯钢丝绳	钢芯钢丝绳	纤维芯钢丝绳	钢芯钢丝绳	纤维芯钢丝绳	钢芯钢丝绳	纤维芯钢丝绳	钢芯钢丝绳	
mm	kg/100m			kN										
28	289.00	282.00	318.00	406.00	438.00	432.00	466.00	457.00	494.00	483.00	521.00	507.00	547.00	
30	332.00	324.00	365.00	466.00	503.00	495.00	535.00	525.00	567.00	555.00	599.00	582.00	628.00	
32	377.00	369.00	415.00	530.00	572.00	564.00	608.00	598.00	645.00	631.00	681.00	662.00	715.00	
34	426.00	416.00	469.00	598.00	646.00	637.00	687.00	675.00	728.00	713.00	769.00	748.00	807.00	
36	478.00	466.00	525.00	671.00	724.00	714.00	770.00	756.00	816.00	799.00	862.00	838.00	904.00	
38	532.00	520.00	585.00	748.00	807.00	795.00	858.00	843.00	909.00	891.00	961.00	934.00	1010.00	
40	590.00	576.00	649.00	828.00	894.00	881.00	951.00	934.00	1000.00	987.00	1060.00	1030.00	1120.00	

注：钢丝绳公称直径（D）允许偏差 0～5%。

6×37 系列钢丝绳力学性能表　　　　表 3-4

钢丝绳公称直径	钢丝绳近似质量			钢丝绳公称抗拉强度（MPa）										
				1570		1670		1770		1870		1960		
				钢丝绳最小破断拉力										
D	天然纤维芯钢丝绳	合成纤维芯钢丝绳	钢芯钢丝绳	纤维芯钢丝绳	钢芯钢丝绳	纤维芯钢丝绳	钢芯钢丝绳	纤维芯钢丝绳	钢芯钢丝绳	纤维芯钢丝绳	钢芯钢丝绳	纤维芯钢丝绳	钢芯钢丝绳	
mm	kg/100m			kN										
12	54.70	53.40	60.20	74.60	80.50	79.40	85.60	84.10	90.70	88.90	95.90	93.10	100.00	
13	64.20	62.70	70.60	87.50	94.40	93.10	100.00	98.70	106.00	104.00	113.00	109.00	118.00	
14	74.50	72.70	81.90	101.00	109.00	108.00	117.00	114.00	124.00	121.00	130.00	127.00	137.00	
16	97.30	95.00	107.00	133.00	143.00	141.00	152.00	149.00	161.00	157.00	170.00	166.00	179.00	
18	123.00	120.00	135.00	167.00	181.00	178.00	192.00	189.00	204.00	199.00	215.00	210.00	226.00	
20	152.00	148.00	167.00	207.00	223.00	220.00	237.00	233.00	252.00	246.00	266.00	259.00	279.00	
22	184.00	180.00	202.00	250.00	270.00	266.00	287.00	282.00	304.00	298.00	322.00	313.00	338.00	
24	219.00	214.00	241.00	298.00	321.00	317.00	342.00	336.00	362.00	355.00	383.00	373.00	402.00	
26	257.00	251.00	283.00	350.00	377.00	372.00	401.00	394.00	425.00	417.00	450.00	437.00	472.00	
28	298.00	291.00	328.00	406.00	438.00	432.00	466.00	457.00	494.00	483.00	521.00	507.00	547.00	
30	342.00	334.00	376.00	466.00	503.00	495.00	535.00	525.00	567.00	555.00	599.00	582.00	628.00	
32	389.00	380.00	428.00	530.00	572.00	564.00	608.00	598.00	645.00	631.00	681.00	662.00	715.00	
34	439.00	429.00	483.00	598.00	646.00	637.00	687.00	675.00	728.00	713.00	769.00	748.00	807.00	
36	492.00	481.00	542.00	671.00	724.00	714.00	770.00	756.00	816.00	799.00	862.00	838.00	904.00	
38	549.00	536.00	604.00	748.00	807.00	795.00	858.00	843.00	909.00	891.00	961.00	934.00	1010.00	
40	608.00	594.00	669.00	828.00	894.00	881.00	951.00	934.00	1000.00	987.00	1060.00	1030.00	1120.00	
42	670.00	654.00	737.00	913.00	985.00	972.00	1040.00	1030.00	1110.00	1080.00	1170.00	1140.00	1230.00	
44	736.00	718.00	809.00	1000.00	1080.00	1060.00	1150.00	1130.00	1210.00	1190.00	1280.00	1250.00	1350.00	
46	804.00	785.00	884.00	1090.00	1180.00	1160.00	1250.00	1230.00	1330.00	1300.00	1400.00	1370.00	1480.00	

续表

钢丝绳公称直径	钢丝绳近似质量			钢丝绳公称抗拉强度（MPa）									
				1570		1670		1770		1870		1960	
				钢丝绳最小破断拉力									
D	天然纤维芯钢丝绳	合成纤维芯钢丝绳	钢芯钢丝绳	纤维芯钢丝绳	钢芯钢丝绳	纤维芯钢丝绳	钢芯钢丝绳	纤维芯钢丝绳	钢芯钢丝绳	纤维芯钢丝绳	钢芯钢丝绳	纤维芯钢丝绳	钢芯钢丝绳
mm	kg/100m			kN									
48	876.00	855.00	963.00	1190.00	1280.00	1260.00	1360.00	1340.00	1450.00	1420.00	1530.00	1490.00	1610.00
50	950.00	928.00	1040.00	1290.00	1390.00	1370.00	1480.00	1460.00	1570.00	1540.00	1660.00	1620.00	1740.00
52	1030.00	1000.00	1130.00	1400.00	1510.00	1490.00	1600.00	1570.00	1700.00	1660.00	1800.00	1750.00	1890.00
54	1110.00	1080.00	1220.00	1510.00	1620.00	1600.00	1730.00	1700.00	1830.00	1790.00	1940.00	1890.00	2030.00
56	1190.00	1160.00	1310.00	1620.00	1750.00	1 720.00	1860.00	1830.00	1970.00	1930.00	2080.00	2030.00	2190.00
58	1280.00	1250.00	1410.00	1740.00	1880.00	1850.00	1990.00	1960.00	2110.00	2070.00	2240.00	2180.00	2350.00
60	1370.00	1340.00	1500.00	1860.00	2010.00	1980.00	2140.00	2100.00	2260.00	2220.00	2400.00	2330.00	2510.00

注：钢丝绳公称直径（D）允许偏差 $0\sim5\%$。

2. 钢丝绳的安全系数

钢丝绳的安全系数可按表 3-2 对照现场实际情况进行选择。

3. 钢丝绳的允许拉力

允许拉力是钢丝绳实际工作中所允许的实际载荷，其与钢丝绳的最小破断拉力和安全系数关系式为：

$$[F] = \frac{F_0}{K} \tag{3-2}$$

式中　$[F]$——钢丝绳允许拉力，kN；

　　　F_0——钢丝绳最小破断拉力，kN；

　　　K——钢丝绳的安全系数。

【例 3-1】一规格为 $6\times19S+FC$，钢丝绳的公称抗拉强度为 1570MPa，直径为 16mm 的钢丝绳，试确定使用单根钢丝绳作捆绑吊索所允许吊起的重物的最大重量。

【解】已知钢丝绳规格为 $6\times19S+FC$，$R_0=1570MPa$，$D=16mm$，查表 3-3 知，$F_0=133kN$。

根据题意，该钢丝绳用作捆绑吊索，查表 3-2 知，$K=8$，根据式（3-2）得：

$$[F] = \frac{F_0}{K} = \frac{133}{8} = 16.625(kN)$$

该钢丝绳作捆绑吊索所允许吊起的重物的最大重量为 16.625kN。

在起重作业中，钢丝绳所受的应力很复杂，虽然可用数学公式进行计算，但因实际使用场合下计算时间有限，且也没有必要算得十分精确，因此人们常用估算法。

（1）破断拉力按下式计算：

$$Q \approx 50D^2 \tag{3-3}$$

式中　Q——公称抗拉强度 1570MPa 时的破断拉力，kg；

　　　D——钢丝绳直径，mm；

（2）使用拉力按下式计算：

$$P \approx \frac{50D^2}{K} \tag{3-4}$$

式中　P——钢丝绳使用近似拉力，kg；

　　　D——钢丝绳直径，mm；

　　　K——钢丝绳的安全系数。

【例 3-2】选用一根直径为 16mm 的钢丝绳用于吊索，设定安全系数为 8，试问它的破断力和使用拉力各为多少？

【解】已知 $D=16$mm，$K=8$，则

$$Q \approx 50D^2 = 50 \times 16^2 \approx 12800(\text{kg})$$
$$P \approx \frac{50D^2}{K} = \frac{50 \times 16^2}{8} = 1600(\text{kg})$$

该钢丝绳的破断拉力为 12800kg，允许使用拉力为 1600kg。

3.1.6　吊索拉力的计算

施工现场常用 2 根、3 根、4 根等多根吊索吊运同一物体，在吊索垂直受力情况下，其安全负荷量原则上是以单根的负荷量分别乘以 2、3 或 4。而实际吊装中，用 2 根以上吊索吊装，其吊绳间是有夹角的，吊同样重的物件，吊绳间夹角不同，单根吊索所受的拉力是不同的。

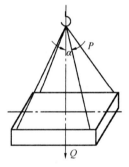

图 3-11　四绳吊装图示

一般用若干根钢丝绳吊装某一物体时（图 3-11），每根钢丝绳承受的力为：

$$P = \frac{Q}{n} \times \frac{1}{\cos\alpha} \tag{3-5}$$

如果取 $K_1 = \dfrac{1}{\cos\alpha}$，上式可以写成：

$$P = K_1 \frac{Q}{n} \tag{3-6}$$

式中　P——钢丝绳承受的力，kN；

　　　Q——吊物重量，kN；

　　　n——钢丝绳的根数；

　　　K_1——随钢丝绳与吊垂线夹角 α 变化的系数，见表 3-5。

随 α 角度变化的 K_1 值　　　　　　　　　　　表 3-5

α	0°	15°	20°	25°	30°	35°	40°	45°	50°	55°	60°
K_1	1	1.035	1.06	1.10	1.15	1.22	1.31	1.41	1.56	1.75	2

由公式（3-6）和图 3-12 可知：若重物 Q 和钢丝绳数目 n 一定时，系数 K_1 越大（α 角越大），钢丝绳承受的力也越大。因此，在起重吊装作业中，捆绑钢丝绳时，必须掌握下面的专业知识：

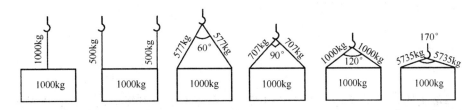

图 3-12　吊索分支拉力计算数据图示

（1）吊绳间的夹角越大，张力越大，单根吊绳的受力也越大；反之，吊绳间的夹角越小，吊绳的受力也越小。所以吊绳间夹角小于 60°为最佳；夹角不允许超过 120°。

（2）捆绑方形物体起吊时，吊绳间的夹角有可能达到 170°左右，此时，钢丝绳受到的拉力会达到所吊物体重量的 5～6 倍，很容易拉断钢丝绳，因此危险性很高。120°可以看作是起重吊运中的极限角度。另外，夹角过大，容易造成脱钩。

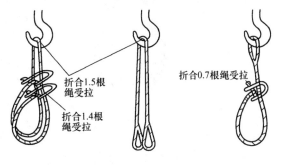

图 3-13　捆绑绳的折算

（3）绑扎时吊索的捆绑方式也影响其安全起重量。因此在进行绑扎吊索的强度计算时，其安全系数应取大一些，在估算钢丝绳直径时，应按图 3-13 所示进行折算。如果吊绳间有夹角，在计算吊绳安全载荷的时候，应根据夹角的不同，分别再乘以折减系数。

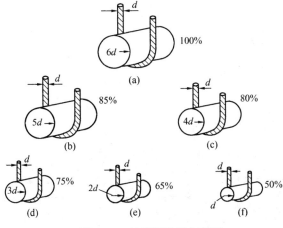

图 3-14　起吊钢丝绳曲率图

（4）钢丝绳的起重能力不仅与起吊钢丝绳之间的夹角有关，而且与捆绑时钢丝绳曲率半径有关。一般钢丝绳的曲率半径大于绳径 6 倍以上，起重能力不受影响。当曲率半径为绳径的 5 倍时，起重能力降至原起重能力的 85%；4 倍时降至 80%；3 倍时降至 75%；2 倍时降至 65%；1 倍时降至 50%，如图 3-14 所示。钢丝绳之间的连接应该使用卸扣，钢丝绳直径小于 13mm 时，一般采用大于钢丝绳直径 3～5mm 的卸扣；钢丝绳直径为 15～26mm 时，采用大于钢丝绳直径 5～6mm 的卸扣；钢丝绳直径大于 26mm 时，采用大于钢丝绳直径 8～10mm 的卸扣。

钢丝绳之间的连接也可以采用套环来衬垫连接，其目的都是为了保证钢丝绳的曲率半径不至于过小，从而降低钢丝绳的起重能力，甚至产生剪切力。

3.2 钢丝绳夹

钢丝绳夹主要用于钢丝绳的连接和钢丝绳穿绕滑车组时绳端的固定，以及桅杆上缆风绳绳头的固定等，如图 3-15 所示。钢丝绳夹是起重吊装作业中使用较广的钢丝绳夹具。常用的绳夹为骑马式绳夹和 U 形绳夹。

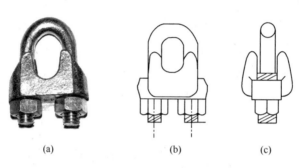

| (a) | (b) | (c) |

图 3-15　钢丝绳夹

3.2.1 钢丝绳夹布置

钢丝绳夹布置，应把绳夹座扣在钢丝绳的工作段上，U 形螺栓扣在钢丝绳的尾段上，如图 3-16 所示。钢丝绳夹不得在钢丝绳上交替布置。

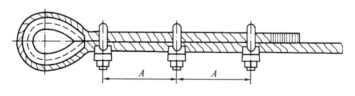

图 3-16　钢丝绳夹的布置

3.2.2 钢丝绳夹数量

钢丝绳夹数量应符合表 3-6 的规定。

钢丝绳夹的数量　　　　　　　　　　　　　　　　表 3-6

绳夹规格（钢丝绳直径）（mm）	≤18	18～26	26～36	36～44	44～60
绳夹最少数量（组）	3	4	5	6	7

3.2.3 钢丝绳夹规格

绳夹的样式和尺寸应符合图 3-17 和表 3-7 的要求。

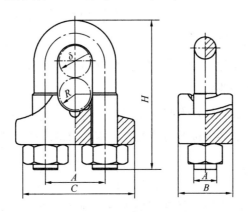

图 3-17 绳夹样式

绳夹规格表　　　　　　　　　　　表 3-7

绳夹规格（钢丝绳公称直径）d（mm）	尺寸（mm）						螺母 GB/T 41-2016d	单组质量（kg）
	适用钢丝绳公称直径 d	A	B	C	R	H		
6	6	13.0	14	27	3.5	31	M6	0.034
8	>6~8	17.0	19	36	4.5	41	M8	0.073
10	>8~10	21.0	23	44	5.5	51	M10	0.140
12	>10~12	25.0	28	53	6.5	62	M12	0.243
14	>12~14	29.0	32	61	7.5	72	M14	0.372
16	>14~16	31.0	32	63	8.5	77	M14	0.402
18	>16~18	35.0	37	72	9.5	87	M16	0.601
20	>18~20	37.0	37	74	10.5	92	M16	0.624
22	>20~22	43.0	46	89	12.0	108	M20	1.122
24	>22~24	45.5	46	91	13.0	113	M20	1.205
26	>24~26	47.5	46	93	14.0	117	M20	1.244
28	>26~28	51.5	51	102	15.0	127	M22	1.605
32	>28~32	55.5	51	106	17.0	136	M22	1.727
36	>32~36	61.5	55	116	19.5	151	M24	2.286
40	>36~40	69.0	62	131	21.5	168	M27	3.133
44	>40~44	73.0	62	135	23.5	178	M27	3.470
48	>44~48	80.0	69	149	25.5	196	M30	4.701
52	>48~52	84.5	69	153	28.0	205	M30	4.897
56	>52~56	88.5	69	157	30.0	214	M30	5.075
60	>56~60	98.5	83	181	32.0	237	M36	7.921

3.2.4 钢丝绳夹的质量要求

（1）U 型螺栓应精制，杆部表面不允许有过烧裂纹、凹痕、斑疤、条痕、氧化皮和浮锈。

（2）螺纹表面不许有碰伤、毛刺、双牙尖、划痕、裂缝和螺纹不完整。

（3）螺纹的基本尺寸应符合《普通螺纹　基本尺寸》GB/T 196—2003 的规定。

（4）夹座、U 型螺栓和六角螺母应进行热浸镀锌（规格 6 和 8 的 U 型螺栓和螺母允许电镀锌）。镀锌层的质量、单个式样不低于 $450g/m^2$，平均不低于 $500g/m^2$。

（5）热浸镀锌后的零件表面应平整光滑，不得有影响使用和有损外观的漏镀、锌粒、气泡、裂缝、脱皮等缺陷。

（6）螺母与夹座接触应良好无间隙存在。

（7）对所有的夹座都必须进行目测检查，有裂纹的夹座必须报废。

3.2.5　钢丝绳夹的紧固

钢丝绳的紧固强度取决于绳径和绳夹匹配，夹座应扣在钢丝绳的工作段上，U 型环扣钢丝绳尾端上。一次紧固后应作二次调整紧固。受载一次后应作检查，离套环最远处的绳夹不得首先单独紧固，每个绳卡应拧紧至卡子内，钢丝绳压扁约三分之一，紧固时不得损坏外层钢丝。在实际使用中，钢丝绳受力后（受载一次后）立即检查绳卡是否有移动。

3.2.6　钢丝绳夹使用注意事项

（1）钢丝绳夹间的距离 A（图 3-16）应等于钢丝绳直径的 6～7 倍。

（2）钢丝绳夹固定处的强度取决于绳夹在钢丝绳上是否正确布置以及进行绳夹固定和夹紧时作业人员的谨慎和熟练程度。不恰当的紧固螺母或钢丝绳夹数量不足可能使绳端在承载时一开始就产生滑动。

（3）在实际使用中，绳夹受载一、二次以后应作检查，在多数情况下，螺母需要进一步拧紧。

（4）钢丝绳夹紧固时须考虑每个绳夹的合理受力，离套环最远处的绳夹不得首先单独紧固；离套环最近处的绳夹（第一个绳夹）应尽可能地紧靠套环，但仍须保证绳夹正确拧紧，不得损坏钢丝绳的强度。

（5）绳夹在使用后要检查螺栓丝扣有无损坏，如暂不使用，要在丝扣部位涂上防锈油并存放在干燥的地方。

3.3　吊钩

吊钩属起重机上重要取物装置之一。若使用吊钩不当，容易造成其损坏和折断而引发重大事故，因此，必须加强对吊钩进行经常性的安全技术检验。

3.3.1 吊钩分类

吊钩按制造方法可分为锻造吊钩和片式吊钩。锻造吊钩又可分为单钩和双钩，如图 3-18（a）、图 3-18（b）所示。单钩一般用于小起重量，双钩多用于较大的起重量。锻造吊钩材料采用优质低碳镇静钢或低碳合金钢，如 20 号优质低碳钢、16Mn、20MnSi、36MnSi。片式吊钩由若干片厚度不小于 20mm 的 C3、20 号或 16Mn 的钢板铆接起来。片式吊钩也有单钩和双钩之分，如图 3-18（c）、图 3-18（d）所示。

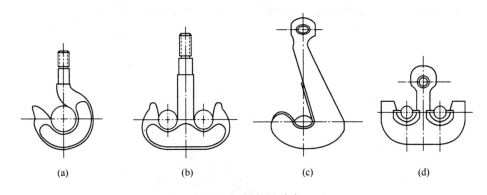

图 3-18 吊钩的种类

（a）锻造单钩；（b）锻造双钩；（c）片式单钩；（d）片式双钩

片式吊钩比锻造吊钩安全，因为吊钩板片不可能同时断裂，个别板片损坏还可以更换。吊钩按钩身（弯曲部分）的断面形状可分为：圆形、矩形、梯形和 T 形断面吊钩。

3.3.2 吊钩安全技术要求

吊钩应有出厂合格证明，在低应力区应有额定起重量标记。

1. 吊钩的危险断面

对吊钩的检验，必须先了解吊钩的危险断面所在，通过对吊钩的受力分析，可以了解吊钩的危险断面有三个。

如图 3-19 所示，假定吊钩上吊挂重物的重量为 Q，由于重物重量通过钢丝绳作用在吊钩的 Ⅰ—Ⅰ 断面上，有将吊钩切断的趋势，该断面上受切应力；由于重量 Q 的作用，在 Ⅲ—Ⅲ 断面，有将吊钩拉断的趋势，这个断面就是吊钩钩尾螺纹的退刀槽，这个部位受拉应力；由于 Q 力对吊钩产生拉、切力之后，还有把吊钩拉直的趋势，也就是 Ⅰ—Ⅰ 断面以左的各断面除受拉力以外，还受到力矩的作用。因此，Ⅱ—Ⅱ 断面受 Q 的拉力，使整个断面受切应力，同时受力矩的作用。另外，Ⅱ—Ⅱ 断面的内侧受拉应力，外侧受压应力，根据计算，内侧拉应力比外侧压应力大一倍多。所以，吊钩做成内侧厚，外侧薄就是这个道理。

2.吊钩的检验

吊钩检验时一般先用煤油洗净钩身，然后用 20 倍放大镜检查钩身是否有疲劳裂纹，特别是对危险断面的检查要认真、仔细。钩柱螺纹部分的退刀槽是应力集中处，要注意检查有无裂缝。对板钩还应检查衬套、销子、小孔、耳环及其他紧固件是否有松动、磨损现象。对一些大型、重型起重机的吊钩还应采用无损探伤法检验其内部是否存在缺陷。

3.吊钩的保险装置

吊钩必须装有可靠防脱棘爪（吊钩保险），防止工作时索具脱钩，如图 3-20 所示。

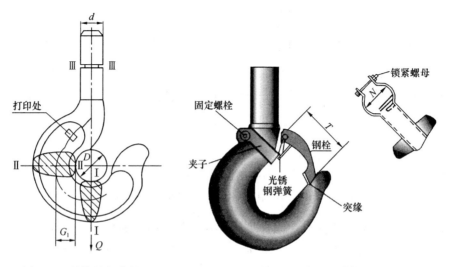

图 3-19 吊钩的危险断面   图 3-20 吊钩防脱棘爪

3.3.3 吊钩的报废

吊钩禁止补焊，有下列情况之一的，应予以报废：

（1）用 20 倍放大镜观察表面有裂纹。

（2）钩尾和螺纹部分等危险截面及钩筋有永久性变形。

（3）挂绳处截面磨损量超过原高度的 10%。

（4）心轴磨损量超过其直径的 5%。

（5）开口度比原尺寸增加 10%。

3.4 卸扣

卸扣又称卡环，是起重作业中广泛使用的连接工具，它与钢丝绳等索具配合使用，拆装颇为方便。

3.4.1 卸扣分类

卸扣按其外形分为 D 型和弓形，如图 3-21 所示。

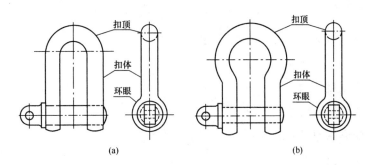

图 3-21 卸扣

（a）D 型卸扣；（b）弓形卸扣

按活动销轴的形式可分为销子式和螺栓式，如图 3-22 所示。常用的是螺栓式。

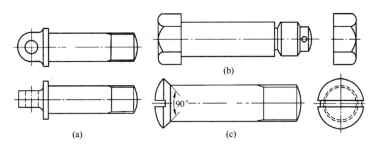

图 3-22 销轴的几种形式

（a）W 型，带有环眼和台肩的螺纹销轴；（b）X 型，六角头螺栓、
六角螺母和开口销；（c）Y 型，沉头螺钉

3.4.2 卸扣使用注意事项

（1）卸扣必须是锻造的，一般是用 20 号钢锻造后经过热处理而制成的，以便消除残余应力和增加其韧性，不能使用铸造和补焊的卡环。

（2）使用时不得超过规定的荷载，应使销轴与扣顶受力，不能横向受力，因为横向使用会造成扣体变形。

（3）吊装时使用卸扣绑扎，在吊物起吊时应使扣顶在上销轴在下，如图 3-23 所示，使绳扣受力后压紧销轴，销轴

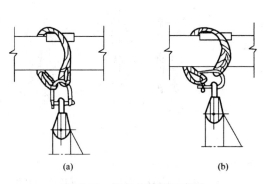

图 3-23 卸扣的使用示意图

（a）正确的使用方法；（b）错误的使用方法

因受力，在销孔中产生摩擦力，使销轴不易脱出。

（4）不得从高处往下抛掷卸扣，防止卸扣落地碰撞变形和内部产生损伤及裂纹。

3.4.3 卸扣的报废

卸扣出现下列情况之一时，应予以报废：

（1）裂纹。

（2）磨损达原尺寸的 10%。

（3）本体变形达原尺寸的 10%。

（4）横销变形达原尺寸的 5%。

（5）螺栓坏丝或滑丝。

（6）卸扣不能闭锁。

3.5 滑车和滑车组

滑车和滑车组是起重吊装、搬运作业中较常用的起重工具。滑车一般由吊钩（链环）、滑轮、轴、轴套和夹板等组成。

3.5.1 滑车

1. 滑车的种类

滑车按滑轮的多少，可分为单门（一个滑轮）、双门（两个滑轮）和多门等几种；按连接件的结构形式不同，可分为吊钩型、链环型、吊环型、吊梁型四种；按滑车的夹板形式分，有开口滑车和闭口滑车两种，如图 3-24 所示。开口滑车的夹板可以打开，

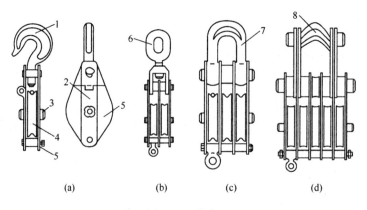

图 3-24 滑车

(a) 单门开口吊钩型；(b) 双门闭口链环型；(c) 三门闭口吊环型；(d) 三门吊梁型

1—吊钩；2—拉杆；3—轴；4—滑轮；5—夹板；6—链环；7—吊环；8—吊梁

便于装入绳索，一般都是单门，常用在拔杆脚等处作导向用。滑车按使用方式不同，又可分为定滑车和动滑车两种。定滑车在使用中是固定的，可以改变用力的方向，但不能省力；动滑车在使用中是随着重物移动而移动的，它能省力，但不能改变力的方向。

2. 滑车的允许荷载

滑车的允许荷载，可根据滑轮和轴的直径确定。一般滑车上都有标明，使用时应根据其标定的数值选用，同时滑轮直径还应与钢丝绳直径匹配。

双门滑车的允许荷载为同直径单门滑车允许荷载的 2 倍，三门滑车为单门滑车的 3 倍，以此类推。同样，多门滑车的允许荷载就是它的各滑轮允许荷载的总和。因此，如果知道某四门滑车的允许荷载为 20000kg，则其中一个滑轮的允许荷载为 5000kg。即对于这个四门滑车，若工作中仅用 1 个滑轮，只能负担 5000kg；用 2 个滑轮，只能负担 10000kg；只有 4 个滑轮全用时才能负担 20000kg。

3.5.2 滑车组

滑车组是由一定数量的定滑车和动滑车及绕过它们的绳索组成的简单起重工具。它能省力，也能改变力的方向。

1. 滑车组的种类

滑车组根据跑头引出的方向不同，可以分为跑头自动滑车绕出和跑头自定滑车绕出两种。如图 3-25（a）所示，跑头自动滑车绕出，这时用力的方向与重物移动的方向一致。如图 3-25（b）所示，跑头自定滑车绕出，这时用力的方向与重物移动的方向相反。在采用多门滑车进行吊装作业时常采用双联滑车组。如图 3-25（c）所示，双联滑车组有两个跑头，可用两台卷扬机同时牵引，其速度快一倍，滑车组受力比较均衡，滑车不易倾斜。

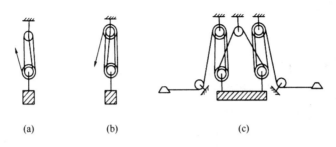

(a)　　　　　　　(b)　　　　　　　(c)

图 3-25　滑车组的种类

（a）跑头自动滑车绕出；（b）跑头自定滑车绕出；（c）双联滑车组

2. 滑车组绳索的穿法

滑车组绳索有普通穿法和花穿法两种，如图 3-26 所示。普通穿法是将绳索自一侧滑轮开始，按顺序穿过中间的滑轮，最后从另一侧滑轮引出，如图 3-26（a）所示。滑

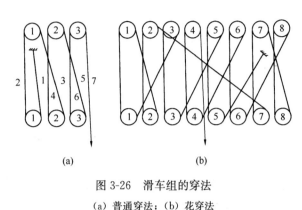

图 3-26　滑车组的穿法

（a）普通穿法；（b）花穿法

车组在工作时，由于两侧钢丝绳的拉力相差较大，跑头 7 的拉力最大，第 6 根为次，顺次至固定头受力最小，所以滑车在工作中不平稳。如图 3-26（b）所示，花穿法的跑头从中间滑轮引出，两侧钢丝绳的拉力相差较小，所以能克服普通穿法的缺点。在用"三三"以上的滑车组时，最好用花穿法。滑车组中动滑车上穿绕绳子的根数，习惯上叫"几倍率"，如动滑车上穿绕 3 根绳子，叫"3 倍率"，穿绕 4 根绳子叫"4 倍率"。

3.5.3　滑车及滑车组使用注意事项

（1）使用前应查明标识的允许荷载，检查滑车的轮槽、轮轴、夹板、吊钩（链环）等有无裂缝和损伤，滑轮转动是否灵活。

（2）滑车组绳索穿好后，要慢慢地加力，绳索收紧后应检查各部分是否良好，有无卡绳现象。

（3）滑车的吊钩（链环）中心，应与吊物的重心在一条垂线上，以免吊物起吊后不平稳，滑车组上下滑车之间的最小距离应根据具体情况而定，一般为 700～1200mm。

（4）滑车在使用前后都要刷洗干净，轮轴要加油润滑，防止磨损和锈蚀。

（5）为了提高钢丝绳的使用寿命，滑轮直径最小不得小于钢丝绳直径的 16 倍。

3.5.4　滑轮的报废

滑轮出现下列情况之一的，应予以报废：

（1）裂纹或轮缘破损。

（2）滑轮绳槽壁厚磨损量达原壁厚的 20%。

（3）滑轮底槽的磨损量超过相应钢丝绳直径的 25%。

3.6　链式滑车

3.6.1　链式滑车类型和用途

链式滑车又称倒链、手拉葫芦，它适用于小型设备和物体的短距离吊装，可用来

拉紧缆风绳，以及用在构件或设备运输时拉紧捆绑的绳索，如图 3-27
所示。链式滑车具有结构紧凑、手拉力小、携带方便、操作简单等优
点，它不仅是起重常用的工具，也常用作机械设备的检修拆装工具。

链式滑车可分为环链蜗杆滑车、片状链式蜗杆滑车和片状链式齿
轮滑车等。

3.6.2 链式滑车的使用

链式滑车在使用时应注意以下几点：

（1）使用前须检查传动部分是否灵活，链子和吊钩及轮轴是否有
裂纹损伤，手拉链是否有跑链或掉链等现象。

（2）挂上重物后，要慢慢拉动链条，当起重链条受力后再检查各
部分有无变化，自锁装置是否起作用，经检查确认各部分情况良好后，
方可继续工作。

图 3-27 链式滑车

（3）在任何方向使用时，拉链方向应与链轮方向相同，防止手拉链脱槽，拉链时
力量要均匀，不能过快过猛。

（4）当手拉链拉不动时，应查明原因，不能增加人数猛拉，以免发生事故。

（5）起吊重物中途停止的时间较长时，要将手拉链拴在起重链上，以防时间过长
而自锁失灵。

（6）转动部分要经常上油，保证滑润，减少磨损，但切勿将润滑油渗进摩擦片内，
以防自锁失灵。

3.7 螺旋扣

螺旋扣又称"花篮螺丝"，如图 3-28 所示，主要用于张紧和松弛拉索、缆风绳等，
故又称为"伸缩节"。其形式有多种，尺寸大小则随负荷轻重而有所不同。其结构如图
3-29 所示。

图 3-28 螺旋扣

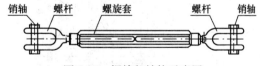

图 3-29 螺旋扣结构示意图

螺旋扣的使用应注意以下事项：

（1）使用时应钩口向下。

（2）防止螺纹轧坏。

（3）严禁超负荷使用。

（4）长期不用时，应在螺纹上涂好防锈油脂。

3.8 千斤顶

千斤顶是一种用较小的力将重物顶高、降低或移位的简单而方便的起重设备。千斤顶构造简单，使用方便，便于携带，工作时无振动和冲击，能保证把重物准确地停在一定的高度上，升举重物时，不需要绳索、链条等，但行程短，加工精度要求较高。

3.8.1 千斤顶分类

千斤顶有齿条式、螺旋式和液压式三种基本类型。

1. 齿条式千斤顶

齿条式千斤顶又称为起道机，由金属外壳、装在壳内的齿条、齿轮和手柄等组成。在路基路轨的铺设中常用到齿条式千斤顶，如图 3-30 所示。

2. 螺旋式千斤顶

螺旋式千斤顶常用的是 LQ 型，如图 3-31 所示，它由棘轮组、小锥齿轮、升降套筒、锯齿形螺杆、螺母、大锥齿轮、推力轴承、主架和底座等组成。

图 3-30 齿条式千斤顶

3. 液压式千斤顶

常用的液压式千斤顶为 YQ 型，其构造如图和实物图 3-32 所示。

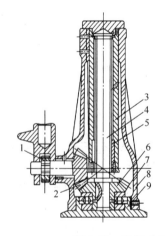 

图 3-31 螺旋式千斤顶的构造和实物图

1—棘轮组；2—小锥齿轮；3—升降套筒；4—锯齿形螺杆；5—螺母；

6—大锥齿轮；7—推力轴承；8—主架；9—底座

58

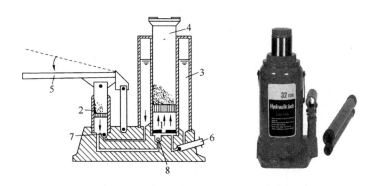

图 3-32　液压式千斤顶的构造和实物图

1—油室；2—油泵；3—储油腔；4—活塞；5—摇把；

6—回油阀；7—油泵进油门；8—油室进油门

3.8.2　千斤顶使用注意事项

（1）千斤顶使用前应拆洗干净，并检查各部件是否灵活，有无损伤，液压千斤顶的阀门、活塞、皮碗是否良好，油液是否干净。

（2）使用时，应放在平整坚实的地面上，如地面松软，应铺设方木以扩大承压面积。设备或物件的被顶点应选择坚实的平面部位并应清洁至无油污，以防打滑，还须加垫木板以免顶坏设备或物件。

（3）严格按照千斤顶的额定起重量使用千斤顶，每次顶升高度不得超过活塞上的标志。

（4）在顶升过程中要随时注意千斤顶须平整直立，不得歪斜，严防倾倒，不得任意加长手柄或操作过猛。

（5）操作时，先将物件顶起一点后暂停，检查千斤顶、枕木垛、地面和物件等情况是否良好，如发现千斤顶和枕木垛不稳等情况，必须处理后才能继续工作。顶升过程中，应设保险垫，并要随顶随垫，其脱空距离应保持在 50mm 以内，以防千斤顶倾倒或突然回油而造成事故。

（6）用两台或两台以上千斤顶同时顶升一个物件时，要听统一指挥，动作一致，升降同步，保证物件平稳。

（7）千斤顶应存放在干燥、无尘土的地方，避免日晒雨淋。

3.9　卷扬机

卷扬机在建筑施工中使用广泛，它可以单独使用，也可以作为其他起重机械的卷扬机构。

3.9.1 卷扬机构造和分类

卷扬机是由电动机、齿轮减速机、卷筒、制动器等构成。荷载的提升和下降均为一种速度，由电动机的正反转控制。

卷扬机按卷筒数分，有单筒、双筒、多筒卷扬机；按速度分，有快速和慢速卷扬机。常用的有电动单筒和电动双筒卷扬机。图 3-33 所示为一种单筒电动卷扬机的结构示意图。

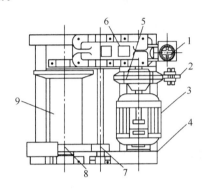

图 3-33　单筒电动卷扬机结构示意图

1—可逆控制器；2—液压制动器；3—电动机；4—底盘；5—联轴器；
6—减速器；7—小齿轮；8—大齿轮；9—卷筒

3.9.2 常用卷扬机的基本参数

慢速卷扬机的基本参数见表 3-8。

慢速卷扬机基本参数　　　　　　　　　　　　　　　表 3-8

型式基本参数	单筒卷扬机						
钢丝绳额定拉力（t）	3	5	8	12	20	32	50
卷筒容绳量（m）	150	150	400	600	700	800	800
钢丝绳平均速度（m/min）	9~12			8~11		7~10	
钢丝绳直径（不小于）（mm）	15	20	26	31	40	52	65
卷筒直径 D	$D \geqslant 18d$						

快速卷扬机的基本参数见表 3-9。

快速卷扬机基本参数　　　　　　　　　　　　　　　表 3-9

型式基本参数	单筒						双筒			
钢丝绳额定拉力（t）	0.5	1	2	3	5	8	2	3	5	8
卷筒容绳量（m）	100	120	150	200	350	500	150	200	350	500
钢丝绳平均速度（m/min）	30~40		30~35		28~32		30~35		28~32	
钢丝绳直径（不小于）（mm）	7.7	9.3	13	15	20	26	13	15	20	26
卷筒直径 D	$D > 18d$									

3.9.3　卷扬机的固定和布置

1. 卷扬机的固定

卷扬机必须用地锚予以固定，以防工作时产生滑动或倾覆。根据受力大小，固定卷扬机的方法大致有螺栓锚固法、水平锚固法、立桩锚固法和压重锚固法四种，如图 3-34 所示。

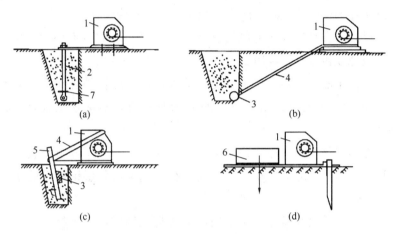

图 3-34　卷扬机的锚固方法

（a）螺栓锚固法；（b）水平锚固法；（c）立桩锚固法；（d）压重物锚固法

1—卷扬机；2—地脚螺栓；3—横木；4—拉索；5—木桩；6—压重；7—压板

2. 卷扬机的布置

卷扬机布置（即安装位置）时应注意以下几点：

（1）卷扬机安装位置周围必须排水畅通并应搭设工作棚。

（2）卷扬机的安装位置应能使操作人员看清指挥人员和起吊或拖动的物件，操作者视线仰角应小于 45°。

（3）在卷扬机正前方应设置导向滑车，如图 3-35 所示。导向滑车至卷筒轴线的距离（l），对于带槽卷筒应不小于卷筒宽度（m）的 15 倍，即倾斜角 α 不大于 2°；对于无槽卷筒应大于卷筒宽度（m）的 20 倍，以免钢丝绳与导向滑车槽缘产生过度的磨损。

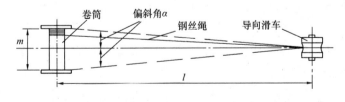

图 3-35　卷扬机的布置

（4）钢丝绳绕入卷筒的方向应与卷筒轴线垂直，其垂直度允许偏差为 6°，这样能使钢丝绳圈排列整齐，不致斜绕和互相错叠挤压。

3.9.4 卷扬机使用注意事项

（1）作业前，应检查卷扬机与地面的固定、安全装置、防护设施、电气线路、接零或接地线、制动装置和钢丝绳等，全部合格后方可使用。

（2）使用皮带或开式齿轮的部分，均应设防护罩，导向滑轮不得用开口拉板式滑轮。

（3）正反转卷扬机卷筒旋转方向应在操纵开关上有明确标识。

（4）卷扬机必须有良好的接地或接零装置，重复接地电阻不得大于10Ω；在一个供电网路上，接地或接零不得混用。

（5）卷扬机使用前要先做空载正、反转试验，检查运转是否平稳，有无不正常响声；传动、制动机构是否灵敏可靠；各紧固件及连接部位有无松动现象；润滑是否良好，有无漏油现象。

（6）钢丝绳的选用应符合原厂说明书规定。卷筒上的钢丝绳全部放出时应留有不少于3圈；钢丝绳的末端应固定牢靠；卷筒边缘外周至最外层钢丝绳的距离应不小于钢丝绳直径的2倍。

（7）钢丝绳应与卷筒及吊笼连接牢固，不得与机架或地面摩擦，通过道路时，应设过路保护装置。

（8）卷筒上的钢丝绳应排列整齐，当重叠或斜绕时，应停机重新排列，严禁在转动中用手拉脚踩钢丝绳。

（9）作业中，任何人不得跨越正在作业的卷扬钢丝绳。物件提升后，操作人员不得离开卷扬机，物件或吊笼下面严禁人员停留或通过。休息时应将物件或吊笼降至地面。

（10）作业中如发现异响、制动不灵、制动装置或轴承等温度剧烈上升的异常情况时，应立即停机检查，排除故障后方可使用。

（11）作业中停电或休息时，应切断电源，将提升物件或吊笼降至地面，操作人员离开现场应锁好开关箱。

3.10 其他索具

在起重作业中，常使用绳索绑扎、搬运和提升重物，它与取物装置（如吊钩、吊环、卸扣等）组成各种吊具。

3.10.1 白棕绳、尼龙绳及涤纶绳

1. 白棕绳

（1）白棕绳的用途和特点

白棕绳是起重作业中常用的轻便绳索，具有质地柔软、携带方便和容易绑扎等优点，但其强度比较低。一般白棕绳的抗拉强度仅为同直径钢丝绳的 10% 左右，易磨损。因此，白棕绳主要用于绑扎及起吊较轻的物件和起重量比较小的扒杆缆风绳索。

白棕绳有涂油和不涂油之分。涂油的白棕绳抗潮湿、防腐性能较好，其强度比不涂油一般要低 10%～20%；不涂油的白棕绳在干燥情况下，强度高、弹性好，但受潮后强度降低约 50%。白棕绳有三股、四股和九股捻制，特殊情况下有十二股捻制，其中最常用的是三股捻制品。

（2）白棕绳使用注意事项

1）白棕绳一般用于重量较轻物件的捆绑、滑车作业及扒杆用绳索等。起重机械或受力较大的作业不得使用白棕绳。

2）使用前，必须查明允许拉力，严禁超负荷使用。

3）用于滑车组的白棕绳，为了减少其所承受的附加弯曲力，滑轮的直径应比白棕绳直径大 10 倍以上。

4）使用中，如果发现白棕绳连续向一个方向扭转时，应抖直，有绳结的白棕绳不得穿过滑车。

5）在绑扎各类物件时，应避免白棕绳直接和物件的尖锐边缘接触，接触处应加麻袋、帆布或薄铁皮、木片等衬物。

6）不得在尖锐、粗糙的物件上或地上拖拉。

7）穿过滑轮时，不应脱离轮槽。

8）应储存在干燥和通风好的库房内，避免受潮或高温烘烤；不得将白棕绳和有腐蚀作用的化学物品（如碱、酸等）接触。

2. 尼龙绳和涤纶绳

尼龙绳和涤纶绳的特点包括：

（1）尼龙绳和涤纶绳可用来捆绑、吊运表面粗糙、精度要求高的机械零部件及有色金属制品。

（2）尼龙绳和涤纶绳具有重量轻、质地柔软、弹性好、强度高、耐腐蚀、耐油、不生蛀虫及霉菌、抗水性能好等优点。其缺点是不耐高温，使用中应避免高温及锐角损伤。

（3）尼龙绳、涤纶绳安全系数可根据工作使用状况和重要程度选取，但不得小于 6。

3.10.2　吊索

吊索又称千斤索，在建筑行业中主要用于绑扎构件以便起吊，一般用 6×61 和 6×37 钢丝绳制成，其形式大致可分为可调捆绑式吊索、无接头吊索、压制吊索、编制吊索和钢坯专用吊索五种，如图 3-36 所示。还有一种是一、二、三、四腿钢丝绳钩成套吊索，如图 3-37 所示。

编制吊索主要采用挤压插接法进行编结，此办法适用于普通捻六股钢丝绳吊索的制作。办法如下：

端头解开长度约为 350mm。如图 3-38 所示，用锥子在甲绳的 1、6 股间穿过，在 3、4 股间穿出，把乙绳上面的第一股子绳插入、拔出，再将锥子从 2、3 股间插入，在 1、6 股间穿出，把乙绳上面的第三股子绳插入。这样，就形成了三股子绳插编在甲绳内，三股子绳在甲绳外。然后，将六

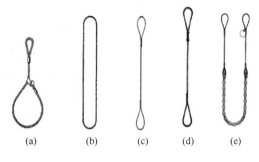

图 3-36　吊索

(a) 可调捆绑式吊索；(b) 无接头吊索；(c) 压制吊索；(d) 编制吊索；(e) 钢坯专用吊索

图 3-37　一、二、三、四腿钢丝绳钩成套吊索

股子绳一把抓牢，用锥子的另一头敲打甲绳，使甲绳和乙绳收紧，此时，开始编插。插编时，先将第六股子绳作为第一道编绕，一般为插编五花，当插编第一根子绳时，开头一花一定要收紧，以防止千斤头太松。紧接着即是 5、4、3、2、1 顺序编结，当六股子绳插编完成，即形成钢丝绳千斤头，把多余的各股钢丝绳头割去，便告完成。

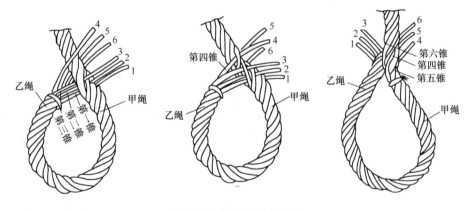

图 3-38　钢丝绳绳索插接

目前插编钢丝绳索具也有采用专业的钢丝绳索具深加工设备，根据钢丝绳的捻股、合绳工艺，单股多次插编而成，如图 3-39 所示。

图 3-39　吊索机械编结

3.10.3　合成纤维吊装带

起重吊具合成纤维吊装带也称扁平编织吊装带，如图 3-40 所示。其主要材料为聚酰胺、聚酯、聚丙烯等，具有强度高、不易对吊运物表面形成损伤的特点。

合成纤维吊装带的标准宽度系列为：25mm、35mm、50mm、75mm、100mm、150mm、200mm、300mm。其安全工作载荷为 1000～50000kg。在使用时，应根据吊装带的额定载荷数据及吊装方式来决定所吊装的最大安全工作载荷。常用的合成纤维吊装带分 A 型、B 型、C 型三种。吊装带的使用与保养应注意以下事项：

图 3-40　合成纤维吊装带

（1）每次使用前应进行认真检查，查明允许拉力，严禁超负荷使用。

（2）不要集中使用不带保护的栓结吊运方式。

（3）不要将软环同任何可能对它造成损坏的装置连接起来。软环连接的吊运装置应是：

1）平滑的、无任何尖锐的边缘；

2）其尺寸和形状不应撕开缝合处或使带子负载过重。

（4）在吊运中严格遵守下列措施：

1）在移动吊带和货物时，不要拖曳。

2）不要使之打结。

3）在承载时，不要使之打拧。

4）不要使用没有护套的吊带承载有尖角、棱边的物体。

5）不允许长时间悬挂物件。

（5）几支吊带同时使用时，尽可能将载荷均匀分布在每支吊带上。

（6）吊带被弄脏或在有酸、碱倾向环境中使用后，应立即用水冲洗干净。

（7）应储存在干燥和通风好的库房内，避免受潮或高温烘烤。

（8）严禁随意修复损坏的吊带。

3.11 常用绳索打结方法

绳索在使用过程中，由于使用的场合不同，需将绳索打成各式各样的绳结，以满足不同的需求，几种常用绳结及其打结方法步骤见表 3-10。

钢丝绳及白棕绳的结绳法   表 3-10

序号	结绳名称	简图	用途及特点
1	直结（又称平结、交叉结、果子口）		用于白棕绳两端的连接，连接牢固，中间放一段木棒易解
2	活结		用于白棕绳迅速解开时
3	组合结（又称单帆索结、三角扣及单绕式双插法）		用于钢丝绳或白棕绳的连接。比较易结易解，也可用于不同粗细绳索两端的连接
4	双重组合结（又称双帆结、多绕式双插结）		用于白棕绳或钢丝绳两端有拉力时的连接及钢丝绳端与套环相连接，绳结牢靠
5	套连环结		将钢丝绳或白棕绳与吊环连接在一起使用
6	海员结（又称琵琶结、航海结、滑子扣）		用于白棕绳绳头的固定，系结杆件或是拖拉物件。绳结牢靠，易解，拉紧后不出死结
7	双套扣（又称锁圈结）		用途同上，也可做吊索用。结绳牢固可靠，接绳迅速，解开方便，可用于钢丝绳中段打结
8	梯形结（又称八字扣、猪蹄扣、环扣）		在人字及三角桅杆拴拖拉绳，可在绳中间打结，也可吊重物。绳圈易扩大或缩小。绳结牢靠又易解

续表

序号	结绳名称	简图	用途及特点
9	拴住结（又称锚固结）		（1）用于缆风绳固定端绳结。 （2）用于松溜绳结，可以在受力后慢慢放松，活头应该在下面
10	双梯形结（又称鲁班结）		主要用于拔桩及桅杆绑扎缆风绳等。绳结紧不易松脱
11	单套结（又称十字结）		用于连接吊索或钢丝绳的两端或固定绳索用
12	双套结（又称双十字结、对结）		用于连接吊索或钢丝绳的两端，固定绳端
13	抬扣（又称杠棒扣）		以白棕绳搬运轻量物体时用，抬起重物时自然收紧。结绳、解绳迅速
14	死结（又称死圈扣）		用于重物吊装捆绑，方便牢固可靠
15	水手结		用于吊索直接系结杆件起吊，可自动勒紧，容易解开绳索
16	瓶口结		用于拴绑起吊圆柱形杆件。特点是愈拉愈紧
17	桅杆结		用于树立桅杆。牢固可靠

序号	结绳名称	简图	用途及特点
18	挂钩结		用于起重吊钩上，特点是结识方便，不易脱钩
19	抬杠结		用于抬杠或吊运圆桶物体

4 起重吊装方案的编制与施工管理

4.1 起重吊装专项施工方案编制范围

下列危险性较大的起重吊装工程（简称危大工程）在施工前应当编制专项方案：

（1）采用非常规起重设备、方法，且单件起吊重量在 10kN 及以上的起重吊装工程。

（2）采用起重机械进行安装的工程。

（3）起重机械设备自身的安装、拆卸。

下列超过一定规模的危险性较大的起重吊装及起重机械安装拆卸工程，施工单位应当组织召开专家论证会对专项施工方案进行论证。实行施工总承包的，由施工总承包单位组织召开专家论证会：

（1）采用非常规起重设备、方法，且单件起吊重量在 100kN 及以上的起重吊装工程。

（2）起重量在 300kN 及以上，或搭设总高度在 200m 及以上，或搭设基础标高在 200m 及以上的起重机械安装和拆卸工程。

（3）跨度在 36m 及以上的钢结构安装工程，或跨度在 60m 及以上的网架和索膜结构安装工程。

（4）重量在 1000kN 及以上的大型结构整体顶升、平移、转体等施工工艺。

4.2 起重吊装专项施工方案编制原则

1. 施工成本低

编制施工方案时，在技术上可能的情况下，尽量采用成本最低的施工方法和措施来完成项目，以获取最大经济效益。

2. 施工周期短

工期缩短有利于项目施工成本的降低，从而提高经济效益，为企业赢得良好的信誉。

3. 技术可靠

要求技术具有可行性、合理性，能够保证施工工程质量和达到安全施工的目的。

上述三原则事实上往往无法同时实现，技术可靠是确定方案的根本，更多时候是在保证技术可靠原则的基础上，根据所具备机械（具）情况确定施工方案。

4.3 起重吊装专项施工方案编制

建筑安装工程施工中，起重施工作业是一项技术性强、危险性大且需多工种互相配合、互相协调、精心组织、统一指挥的特种作业，为了科学地组织施工，优质高效地完成吊装任务，应该编制起重吊装施工方案，保证起重吊装安全施工。

4.3.1 起重吊装专项施工方案编制依据

（1）施工组织（总）设计。

（2）工程施工图、工程总平面图及有关设计技术文件。

（3）有关法律法规、技术标准。

（4）施工工期的计划安排。

（5）施工场地的有关地质、地下管线资料及周边环境情况。

（6）工程合同。

（7）新施工技术及安装工艺。

4.3.2 起重吊装专项施工方案制定

1. 起重吊装方法的选择

起重吊装专项施工方案和技术措施中，吊装方法的确定是最主要的，正确选择吊装方法是制定吊装方案和技术措施的前提，它决定了起重吊装专项施工方案的科学性、先进性和适用性，一般可以归纳分为以下几类：

1）按被吊装物件就位形态分为分散吊装、整体吊装和综合吊装等。分散吊装又可分为正装和倒装。

① 分散吊装中的正装法，高空作业多、施工周期长、施工管理要求高，一次起重量小，使用吊具索具的规格尺寸小。

② 分散吊装中的倒装法，高空作业少，安全度高，一次起重量虽然没有减少，但起升高度与作业高度可大大降低。

③ 综合吊装是把能在地面上做完的事力求全部做完，以减少高空作业，这种吊装方法操作难度大，但安装周期可明显缩短，同时减少高空作业的费用，可以弥补吊装机具费用的损失。

2）按被吊装物件的整体竖立形式分类有滑移法和旋转法。

3）按被吊装物件的就位方式有正吊、抬吊、侧偏吊等。

起重吊装方法的选择，应在确保安全施工、安装质量的前提下，根据工程内容、工期要求、施工工艺、施工队伍的素质、现场条件、机具索具和经济效益等因素，尤其应综合考虑被拖运或吊装物件的外形尺寸、重量、结构、类型、特点和数量，拟订几个可行的方案，通过论证比较最终确定。

2. 方案的编制程序

起重吊装专项施工方案的编制一般包括准备、编写、审批三个阶段。

1) 准备阶段：由施工单位专业技术人员收集与起重作业有关的资料，确定施工方法和工艺，必要时还应召开专题会议对施工方法和工艺进行讨论。

2) 编写阶段：专项施工方案由施工单位组织专人或小组，根据确定的施工方法和工艺编制，编制人员应具有本专业中级以上技术职称。

3) 审核批准阶段：专项施工方案应由施工单位技术负责人组织施工技术、设备、安全、质量等部门的专业技术人员进行审核。必要情况下，应组织专家论证。审核合格，由施工单位技术负责人审批。危大工程实行分包并由分包单位编制专项施工方案的，专项施工方案应当由总承包单位技术负责人及分包单位技术负责人共同审核签字并加盖单位公章。

施工方案实施前，必须逐级进行技术交底。如施工条件发生变化，应对施工方案及时修改补充，并履行审核批准手续。

4.3.3 起重吊装专项施工方案内容

起重吊装专项施工方案一般包括以下内容：

1. 编制说明

包括被吊装物件的工艺要求和作用，被吊物体的重量、重心、几何尺寸、施工要求、安装部位、吊装方案等。

2. 工程概况

主要说明土建施工条件、设计要求、吊装工程内容、主要技术参数、工期要求及投资、危大工程概况和特点、施工平面布置、施工要求和技术保证条件。

3. 编制依据

相关法律、法规、规范性文件及施工图设计文件、施工组织设计方案等。

4. 主要工程明细表

方案所要完成任务明细表。

5. 施工平面布置图

施工场地布置从以下方面考虑：

(1) 按平面图画出已有构筑物的情况，建筑物及设备的基础、地沟、电线电缆和吊装位置。

(2) 被吊物件搬运路线、被吊物体拼装位置和被吊物件吊装位置等。

（3）当采用桅杆吊装时，桅杆的搬运路线、组装位置、竖立方法、移动路线、站位和吊装位置。

（4）卷扬机等机具的规格型号、位置，地锚和缆风绳的位置。

（5）吊装指挥人员位置及吊装警戒区域。

（6）吊装过程中几个关键状态的立面图，并标明尺寸。

6. 施工工法及施工程序

包括施工具体步骤、吊装顺序和质量要求。在吊装施工步骤中，要把全过程分解为工序，说明每个工序中的具体内容和施工方法。

7. 吊装受力分析及核算

根据平面图和立面图，将吊装过程中复杂的受力情况简化为力学模型，进行受力计算。

8. 机具索具明细计划

明细计划可分为两种：一是按分部分项分工种编制明细表；二是按品种、规格编制计划汇总表。

9. 锚点工作图

根据受力分析确定各地锚的受力大小，绘制出地锚结构图。对一些特殊的机具和索具连接，也应绘制详图。

10. 劳动力组织与进度安排

应配备施工管理人员、专职安全生产管理人员、特种作业人员、其他作业人员等且根据工程量和劳动定额编制劳动力计划和工程施工进度图。

11. 安全措施

根据工程的具体情况，编制详尽的有针对性的安全技术措施、安全组织措施及检测监控措施。安全技术措施应针对工程的具体情况，充分考虑整个施工过程中可能出现的问题，同时还应考虑周边可能产生的影响。

12. 验收要求

包括验收标准、验收程序、验收内容、验收人员等。

13. 应急预案

针对可能发生的突发事件，制定有针对性的应急处理救援预案。

4.3.4 施工安全措施

1. 安全措施编制依据

安全措施一般包括安全技术措施和安全组织措施两方面的内容。它的编制依据包括：

（1）国家有关法律法规和技术标准。

（2）重大危险因素。

（3）施工工艺、机械设备及操作方法，尤其是涉及新材料、新技术、新设备和新工艺的应用。

（4）施工作业环境。

（5）安全生产的合理化建议。

对于一项具体工程，一定要根据上述原则进行全面分析，考虑施工中可能出现的各种问题，制定出详尽的安全措施。

2. 安全技术措施要求

为了防止施工过程中发生人身和设备事故，应针对施工方案中选用的各种机械设备和用电设施可能出现的不安全因素，材料、设备运输带来的困难和危害，采取措施加以解决；对施工运输线路，吊装位置、地锚、缆风绳的布置等进行综合考虑，确保安全施工。

3. 安全组织措施要求

建立安全责任保障体系，明确各个岗位的安全生产责任制，严格遵守施工方案编制审批实施制度、安全技术交底制度、安全检查制度和特种作业人员持证上岗制度等。

4.4 起重安全管理

起重作业是运用力学知识，借助起重工具、设备等，根据物体的不同结构、形状、重量、重心，采取不同的方式方法，从放置位置吊运到预定位置的过程。在起重作业中，由于现场交叉作业多、环境条件复杂、安全隐患点多，稍不注意、配合不好或设备工具使用不当，很易发生人身伤亡和设备损坏事故，这就需要起重机司机、指挥人员与司索人员相互配合、协调一致。

4.4.1 起重作业人员基本要求

1. 牢固树立安全生产的责任心

安全生产是建筑施工的一项重要工作，而起重作业的安全，又是整个安全生产的重点，因而起重作业人员要有高度的责任感，要牢固树立"安全第一，预防为主，综合治理"的思想，在日常操作中要做到"五勤"。

第一要脑勤，要多想问题，勤学苦练，要有过硬的本领，懂得起重作业的基本知识，要掌握操作的全过程及工艺流程，不断提高自身的操作技能水平。

第二要眼勤，指挥人员要"眼观六路，耳听八方"，起吊前要"瞻前顾后"，注意上、下、左、右、前、后，不要蛮干。

第三要手勤，要勤检查、勤保养、勤清洁，保证使用的设备、吊具、索具、工具、夹具的完好。

第四要腿勤，要勤于与上、下、左、右、前、后相关人员沟通联系。

第五要口勤，对指挥人员发出的指挥信号，如有不清楚、不明白的应勤于开口多问，千万不可凭经验推测或主观臆断。

2. 发扬团结互助的协作精神

起重吊装是一种协作性较强的作业，操作人员要发扬团结、关爱、互助、协作精神，反对偷懒省事、急躁蛮干嬉笑打闹等不安全思想和行为。

3. 掌握安全事故的规律性

任何事物都有它的客观规律，安全事故的发生也不例外。学会总结和掌握安全事故的规律性，就可以化被动为主动。

4.4.2 起重作业人员安全职责

起重吊运作业中，涉及起重指挥（信号）人员、起重司机和司索人员等，只有在指挥人员的统一指挥，起重司机和司索人员密切配合下，才能顺利完成起重作业任务。

1. 起重指挥人员的职责

（1）必须熟悉起重机械性能。

（2）应佩戴鲜明的标志，如标有"指挥"字样的臂章，特殊颜色的安全帽、工作服等。所佩戴手套的手心和手背要易于辨别。

（3）进行正确指挥。指挥人员应站在使司机能看清楚指挥信号的安全位置上。当跟随负载运行指挥时，应随时指挥负载避开人员和障碍物。

（4）不能同时看清司机和负载时，必须要求增设中间指挥人员以便逐级传递信号；当发现错传信号时，应立即发出停止信号。

（5）使用规范指挥信号与起重司机联络。发出的指挥信号必须清晰、准确。

（6）不得干涉起重机司机对手柄或旋钮的选择。

（7）在开始吊载时，应先用"微动"信号指挥，待负载离开地面 100～200mm 稳妥后，再用正常速度指挥。必要时，在负载降落前，也应使用"微动"信号指挥。

（8）在负载运行时，负责监视并随时引导，对可能出现的事故采取必要的防范措施。

（9）当负载到达目的地或指定区域时，发出吊钩或负载下降信号前必须确认作业区域人员、设备安全。

（10）同时用两台起重机吊运同一负载时，指挥人员应双手分别指挥各台起重机，以确保同步吊运。

2. 起重机司机的职责

（1）必须熟练掌握标准规定的通用手势信号和相关的各种指挥信号，并与指挥人员密切配合。

（2）必须服从指挥人员的指挥。

（3）当指挥信号不明时，应发出"重复"信号询问，明确指挥意图后，方可操作。

（4）严格按照安全操作规程进行操作。

（5）司机在开车前必须鸣铃示警，必要时在吊运中也要鸣铃，通知受负载威胁的地面人员撤离。

（6）在吊运过程中，司机对任何人发出的"紧急停止"信号必须服从。

3. 司索人员的职责

（1）必须熟悉各类起重工具、设备和机械的安全操作注意事项。

（2）掌握吊钩、绳索及其起重工具性能和报废标准。

（3）熟练掌握绑扎、吊挂知识和起重指挥信号。

（4）接班时，应对索具吊具进行检查，发现不正常时必须在操作前排除。

（5）工作前，应事先清理吊运地点及运行通道上的障碍物，并提醒无关人员避让。

（6）根据吊运物件正确选用吊运方法和吊运工具，应对吊物的重量有正确的估算，对吊具的允许负荷有准确的了解，严禁超负荷吊运。

（7）吊物重心要找准，绑扎点要选择正确；吊物应捆扎牢固，吊钩应挂牢，起吊时起重钢丝绳要垂直，严禁斜吊、拖吊。

（8）吊运坚硬、有棱角的物件，要加垫物，防止磨损或切割绳索。

（9）起吊时，选择安全的站位。

（10）工作中禁止用手直接校正已被重物张紧的绳索，吊运中发现绑扎松动或吊运工具出现异常现象时应立即停止作业进行检查。

（11）起吊物件时，应将附在物件上的活动件固定好，收好绑扎绳头。

（12）禁止用人身重量来平衡吊运物件或以人力支撑物件起吊，严禁站在物件上同时吊运。

（13）工作结束后，应将工具擦净，做好维护保养。

4.4.3　安全作业规程

1. 一般规定

（1）作业人员在作业前应对工作现场环境、行驶道路、架空线路、建筑物以及构件重量和分布情况进行全面了解。

（2）起重吊装的指挥人员必须持证上岗，作业时应与操作人员密切配合，执行规范的指挥信号。操作人员应按照指挥人员的信号进行作业，当信号不清或错误时，操作人员可拒绝执行。

（3）起重机操作人员与指挥人员相距较远或有视线障碍，正常指挥发生困难时，指挥人员应采用对讲机等有效的通信联络方式进行指挥。

（4）在风速达到12m/s及以上，大风或大雨、大雪、大雾等恶劣天气时，应停止露天的起重吊装作业。重新作业前，应先试吊，确认各种安全装置灵敏可靠后方可进行作业。在风速达到9.0m/s及以上大风时，禁止起重机械及垂直运输机械的安装拆卸作业，禁止吊运大模板等大体积物件，风速对照表如表4-1（强条）。

风速对照表 表4-1

风力等级	风的名称	风速		陆地现象	海面状态
		（m/s）	（Km/h）		
0	无风	0～0.2	小于1	静，烟直上	平静如镜
1	软风	0.3～1.5	1～5	烟能表示风向，但风向标不能转动	微浪
2	软风	1.6～3.3	6～11	人面感觉有风，树叶有微响，风向标能转动	小浪
3	微风	3.4～5.4	12～19	树叶及微枝摆动不息，旗帜展开	小浪
4	和风	5.5～7.9	20～28	能吹起地面灰尘和纸张，树的小枝微动	轻浪
5	清劲风	8.0～10.7	29～38	有叶的小树枝摇摆，内陆水面有小波	中浪
6	强风	10.8～13.8	39～49	大树枝摆动，电线呼呼有声，举伞困难	大浪
7	疾风	13.9～17.1	50～61	全树摇动，迎风步行感觉不变	巨浪
8	大风	17.2～20.7	62～74	微枝折毁，人向前行感觉阻力甚大	猛浪
9	烈风	20.8～24.4	75～88	建筑物有损坏	狂涛
10	狂风	24.5～28.4	89～102	陆上少见，见时可使树木拔起将建筑物损坏严重	狂涛
11	暴风	28.5～32.6	103～117	陆上很少，有则必有重大损毁	非凡现象
12	飓风	32.7～36.9	118～133	陆上绝少，其摧毁力极大	非凡现象
13	飓风	37.0～41.4	134～149	陆上绝少，其摧毁力极大	非凡现象
14	飓风	41.5～46.1	150～166	陆上绝少，其摧毁力极大	非凡现象
15	飓风	46.2～50.9	167～183	陆上绝少，其摧毁力极大	非凡现象
16	飓风	51.0～56.0	184～201	陆上绝少，其摧毁力极大	非凡现象
17	飓风	56.1～61.2	202～220	陆上绝少，其摧毁力极大	非凡现象

（5）起重机的幅度、力矩、起重量限制器以及各种行程限位开关等安全装置，应完好齐全，灵敏可靠，不得随意调整或拆除。严禁利用限制器和限位装置代替操纵机构。

（6）操作人员进行起重机回转、变幅、行走和吊钩升降等动作前，应发出音响信号示意。

（7）起重机作业时，起重臂和重物下方严禁有人停留、工作或通过。吊运重物时，严禁从人上方通过。严禁用起重机吊运人员。

（8）操作人员应严格按照起重机说明书规定的起重性能作业，严禁超载。

（9）严禁使用起重机进行斜拉、斜吊和起吊地下埋设或凝固在地面上的重物以及其他不明重量的物体。现场浇筑的混凝土构件或模板，必须全部松动脱离后方可起吊。

（10）起吊重物应绑扎平稳、牢固，不得在重物上再堆放或悬挂零星物件。易散落物件应使用吊笼栅栏固定后方可起吊。标有绑扎位置的物件，应按标记绑扎后起吊。吊索与物件的夹角宜采用 45°～60°，且不得小于 30°，吊索与物件棱角之间应加垫块。

（11）起吊荷载达到起重机额定起重量的 90％ 及以上时，应先将重物吊离地面不大于 200mm 后，检查起重机的稳定性，制动器的可靠性，重物的平稳性，绑扎的牢固性，确认无误后方可继续起吊。对易晃动的重物应拴拉绳。

（12）重物起升和下降速度应平稳、均匀，不得突然提升或制动。左右回转应平稳，当回转未停稳前不得作反向动作。非重力下降式起重机，不得带载自由下降。

（13）严禁起吊重物长时间悬挂在空中，作业中遇突发故障，应采取措施将重物降落到安全位置，并关闭发动机或切断电源后进行检修。在突然停电时，应立即把所有控制器拨到零位，断开电源总开关，并采取措施使重物降到安全位置。

（14）起重机作业时，应与架空输电线路保持一定的安全距离。起重机的任何部位与架空输电导线的安全距离不得小于表 4-2 的规定。

起重机与架空输电导线的安全距离 表 4-2

电压（kV）/安全距离（m）	＜1	10	35	110	220	330	500
沿垂直方向	1.5	3.0	4.0	5.0	6.0	7.0	8.5
沿水平方向	1.5	2.0	3.5	4.0	6.0	7.0	8.5

（15）起重机使用的钢丝绳，其结构形式、规格及强度应符合该型起重机使用说明书的要求。钢丝绳与卷筒应连接牢固，放出钢丝绳时，卷筒上应至少保留三圈，收放钢丝绳时应防止钢丝绳打环、扭结、弯折和乱绳，不得使用扭结、变形的钢丝绳。使用编结的钢丝绳，其编结部分在运行中不得通过卷筒和滑轮。

（16）钢丝绳采用编结固接时，编结部分的长度不得小于钢丝绳直径的 20 倍，并不应小于 300mm，其编结部分应捆扎细钢丝。当采用绳夹固接时，绳夹的规格、数量应与钢丝绳直径匹配。作业中应经常检查紧固情况。

（17）每班作业前，应检查钢丝绳尤其是钢丝绳的连接部位。当钢丝绳达到报废标准时，必须立即更换。

（18）在转动的卷筒上缠绕钢丝绳时，不得用手拉或脚踩来引导钢丝绳。钢丝绳涂抹润滑脂，必须在停止运转后进行。

（19）起重用吊钩和卸扣严禁补焊，班前必须检查，达到报废标准应立即报废。

（20）起重作业，必须严格执行起重"十不吊"规定。

1）超过额定负荷不吊。

2）指挥信号不明、重量不明、光线暗淡不吊。

3）吊索和附件捆绑不牢、不符合安全要求不吊。

4）行车吊挂重物直接进行加工时不吊。

5）歪拉斜挂不吊。

6）吊物上面站人或有浮动物品不吊。

7）易燃易爆的物品，未采取安全措施不吊。

8）带棱角快口的物件，尚未垫好不吊。

9）埋在地下的物件情况不明不吊。

10）六级以上强风无防护措施不吊。

2. 履带式起重机

（1）起重机应在平坦坚实的地面上作业、行走和停放。在作业时，工作坡度不得大于3%，并应与沟渠、基坑保持安全距离。

（2）作业时，起重臂的最大仰角不得超过出厂规定。当无资料可查时，不得超过78°。

（3）在起吊载荷达到额定起重量的90%及以上时，升降动作应慢速进行，严禁同时进行两种及以上动作，严禁下降起重臂。

（4）采用双机抬吊作业时，应选用起重性能相似的起重机进行。抬吊时应统一指挥，动作应配合协调，载荷应分配合理，起吊重量不得超过两台起重机在该工况下允许起重量总和的75%，单机的起吊载荷不得超过允许载荷的80%。在吊装过程中，两台起重机的吊钩滑轮组应保持垂直状态。

（5）当起重机带载行走时，起重量不得超过相应工况额定起重量的70%，行走道路应坚实平整，起重臂位于行驶方向正前方向，载荷离地面高度不得大于500mm，并应拴好拉绳，缓慢行驶。不宜长距离带载行驶。

3. 汽车轮胎式起重机

（1）作业前，应全部伸出支腿，调整机体使回转支撑面的倾斜斜度在无载荷时不大于1/1000（水准居中）。支腿有定位销的必须插上。底盘为弹性悬挂的起重机，插支腿前应先收紧稳定器。

（2）应根据所吊重物的重量和提升高度，调整起重臂长度和仰角，并应估计吊索和重物本身的高度，留出适当空间。

（3）汽车式起重机起吊作业时，汽车驾驶室内不得有人，重物不得超越驾驶室上方，且不得在车的前方起吊。

（4）作业中发现起重机倾斜、支腿不稳等异常现象时，应立即使重物下降至安全的地方，下降中严禁制动。

（5）起吊重物达到额定起重量的 90％以上时，严禁下降起重臂，严禁同时进行两种及以上的操作动作。

（6）当轮胎式起重机带载行走时，道路必须平坦坚实，载荷必须符合出厂规定，重物离地面不得超过 500mm，并应拴好拉绳，缓慢行驶。

（7）行驶时，严禁人员在底盘走台上站立或蹲坐，并不得堆放物件。

4. 塔式起重机

（1）起重机在无线电台、电视台或其他近电磁波发射天线附近施工时，与吊钩接触的作业人员，应戴绝缘手套和穿绝缘鞋，并应在吊钩上挂接临时放电装置。

（2）起吊重物时，重物和吊具的总重量不得超过起重机相应幅度下规定的起重量。

（3）动臂式起重机的变幅应单独进行；允许带载变幅的，当载荷达到额定起重量的 90％及以上时，严禁变幅。

（4）提升重物作水平移动时，应高出其跨越的障碍物 0.5m 以上。

（5）对于无中央集电环及起升机构不安装在回转部分的起重机，在作业时，不得顺一个方向连续回转。

（6）动臂式和尚未附着的自升式塔式起重机塔身上不得悬挂标语牌。

5. 门式、桥式起重机与电动葫芦

（1）重物的吊运路线严禁从人上方通过，亦不得从设备上面通过，空车行走时，吊钩应离地面 2m 以上。

（2）露天作业的门式、桥式起重机，当遇风速大于 10.8m/s 大风时，应停止作业，并锁紧夹轨器。

（3）吊运易燃、易爆、有害等危险品时，应经安全主管部门批准，并应有相应的安全措施。

（4）吊起重物后应慢速行驶，行驶中不得突然变速或倒退。两台起重机同时作业时，应保持 5m 距离。严禁用一台起重机顶推另一台起重机。

（5）电动葫芦使用前应检查设备的机械部分和电气部分，钢丝绳、吊钩、限位器等应完好，电气部分应无漏电，接地装置应良好。

（6）作业开始第一次吊重物时，应在吊离地面 100mm 时停止，检查电动葫芦制动情况，确认完好后方可正式作业。露天作业时，电动葫芦应设有防雨棚。

（7）电动葫芦严禁超载起吊。起吊时，手不得握在绳索与物体之间，吊物上升时应严防冲撞。

（8）起吊物件应捆扎牢固。电动葫芦吊重物行走时，重物离地不宜超过 1.5m 高。工作间歇不得将重物悬挂在空中。

（9）电动葫芦在额定载荷制动时，下滑位移量不应大于 80mm。

5 起重吊装

5.1 吊点的选择

在起吊物体时，为了使物体稳定，不出现摇摆、倾斜、转动、翻倒等现象，就必须正确选择吊点。选择吊点要了解物体的重量、重心以及形状、体积、结构等，但不论采用几点吊装，都始终要使吊钩或吊索联结的交点的垂线通过被吊物体的重心。在吊运作业中，准确确定被吊重物的吊点十分重要，它直接关系到吊装结果和操作安全。

5.1.1 吊点选择的基本要求

（1）吊点的选择必须保证被吊物体不变形、不损坏，起吊后不转动、不倾斜、不翻倒。

（2）吊点的选择应根据被吊重物的结构、形状、体积、重量、重心等特点以及吊装的要求，结合现场作业条件，确定合理可行、安全、经济、省力的吊运方法。

（3）吊点的选择必须根据被吊物体运动的最终状态时重心的位置来确定。

（4）吊点的多少必须根据被吊物体的强度、刚度和稳定性及吊索的允许拉力来确定。

（5）吊点的选择必须保证吊索受力均匀，各承载吊索间的夹角一般不应大于60°，其合力的作用点必须与被吊物体的重心在同一条垂线上，保证吊运过程中吊钩与吊物的重心在同一条垂线上。

（6）对于原设计有起吊耳环、起吊孔的物体，吊点应使用原设计的耳环、吊孔。

（7）对于有吊点标记的物体，应使用物体出厂时标记的吊点吊运，不得任意改动。

（8）在说明书中提供吊装图的物体，应按吊装图找出吊点吊运。

5.1.2 匀质细长杆件的吊点选择

吊装细长物体，如管桩、钢板桩、塔类、钢柱、钢梁杆件，应事先计算然后按照计算的结果确定吊点位置。对于此类吊物，如果吊点选择不正确，极易因力矩不平衡，导致旋转，甚至产生弯曲变形、折断或倾翻，造成事故。匀质细长杆件的吊点位置的确定有以下几种情况：

（1）一个吊点：起吊点位置应设在距起吊端 $0.3L$（L 为物体的长度）处。如一匀质细长物体长度为10m，则捆绑位置应设在物体起吊端距端部 $10 \times 0.3 = 3m$ 处，如图

5-1（a）所示。

（2）两个吊点：如起吊用两个吊点，则两个吊点应分别距物体两端 0.21L 处。如果物体长度为 10m，则两吊点位置分别距两端 10×0.21＝2.1m，如图 5-1（b）所示。

（3）三个吊点：如物体较长，为减少起吊时物体所产生的应力，可采用三个吊点。三个吊点位置确定的方法是，首先用 0.13L 确定出两端的两个吊点位置，然后把两吊点间的距离等分，即得第三个吊点的位置，也就是中间吊点的位置。如杆件长 10m，则两端吊点位置为 10×0.13＝1.3m，如图 5-1（c）所示。

（4）四个吊点：选择四个吊点，首先用 0.095L 确定出两端的两个吊点位置，然后再把两吊点间的距离进行三等分，即得中间两吊点位置。如杆件长 10m，则两端吊点位置分别距两端 10×0.095＝0.95m，中间两吊点位置分别距两端 10×0.095＋10×（1－0.095×2）/3，如图 5-1（d）所示。

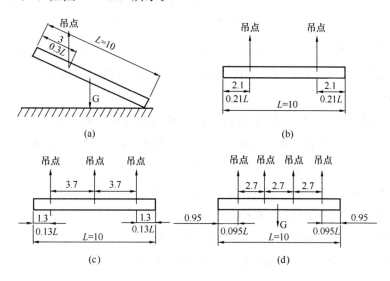

图 5-1　吊点位置选择示意图（单位：m）

（a）单个吊点；（b）两个吊点；（c）三个吊点；（d）四个吊点

5.1.3　异形物体辅助吊点

在异形物体装配时，可采用辅助吊点配合简易吊具调节物体所需位置的吊装法。通常多采用倒链来调节物体的位置。如图 5-2 所示，调整倒链铰链长度，当放长铰链时，物体绕重心顺时针旋转；缩短铰链时，物体绕重心逆时针旋转，以调整异形物体，最终到达预定装配位置。

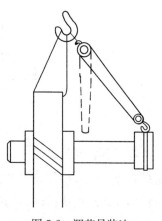

5.1.4　物体翻转

将物体翻转常见的方法有兜翻、空中翻转等。

图 5-2　调节吊装法

1. 兜翻

一种方式是将吊点选择在物体重心之下，如图 5-3（a）所示；另一种方式是将吊点选择在物体重心一侧，如图 5-3（b）所示。

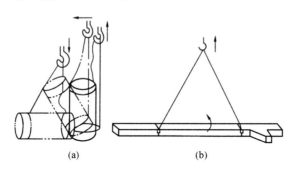

图 5-3　物体兜翻

（a）圆柱体的兜翻；（b）牛腿柱的兜翻

物体兜翻时应根据需要加护绳，护绳的长度应略长于物体不稳定状态时的长度，同时应指挥起重机，使吊钩顺翻倒方向移动，避免物体倾倒后的碰撞冲击。

2. 空中翻转

对于大型物体的翻转，一般采用在绑扎后利用几组滑车或主副钩或两台起重机在空中完成翻转作业的方法。翻转绑扎时，应根据物体的重心位置、形状特点选择吊点，使物体在空中能顺利安全翻转。

如图 5-4 所示，为用主副钩对大型封头进行的空中翻转。在略高于封头重心相隔 180°位置选两个吊装点 A 和 B，在略低于封头重心与 A、B 中线垂直位置选一吊点 C。主钩吊 A、B 两点，副钩吊 C 点。起升主钩使封头处在翻转作业空间内；副钩上升，用改变其重心的方法使封头开始翻转，直至封头重心越过 A、B 点，翻转完成 135°时，副钩再下降，使封头水平完成 180°空中翻转作业。

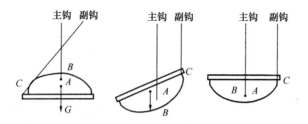

图 5-4　封头空中翻转

物体翻转或吊运时，每个吊环、节点承受的力应满足物体的总重量。对大直径薄壁型物体、细长构件及大型桁架构件进行吊装时，应特别注意所选择吊点是否满足被吊物体整体刚度或构件结构的局部强度、刚度要求，避免起吊后发生整体变形或局部变形而造成构件损坏。必要时应采用临时加固辅助吊具法，如图 5-5 所示。

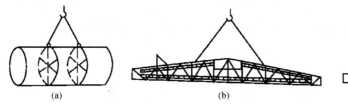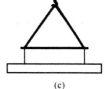

图 5-5　吊运结构件临时加固

（a）薄壁构件临时加固吊装；（b）大型屋架临时加固吊装；（c）细长构件辅助吊具吊装

5.1.5　物体绑扎

物体的绑扎方法主要有以下两种：

1. 平行吊装绑扎法

平行吊装绑扎法一般分为用一个吊点和两个吊点两种方法。用一个吊点适用于吊装短小、重量轻的物体。在绑扎前应找准物体的重心，使被吊装的物体处于水平状态。这种方法简便实用，常采用单支吊索穿套结索法进行吊装作业。若被吊物法较松或松散，应采用双圈法，选用单圈或双圈穿套结索法，如图 5-6 所示。

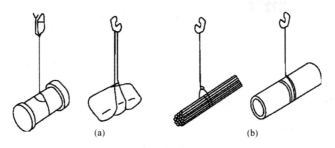

图 5-6　单双圈穿套结索法

（a）单圈结索法；（b）双圈结索法

用两个吊点的吊装方法是在单圈的基础上再绕一圈，绑扎在物体的两端。常采用双支穿套结索法和吊篮式结索法，如图 5-7 所示，吊索之间夹角不得大于120°。

2. 垂直斜形吊装绑扎法

垂直斜形吊装绑扎法多用于物体外形尺寸较长、对物体安装有特殊要求的场合。其绑扎点多为一点绑法（也可两点绑扎）。绑扎位置在物体端部，绑扎时应根据物体质量选择吊索和卸扣，并采用双圈或双圈以上穿套结索法，防止物体吊起后发生滑脱，如图 5-8 所示。

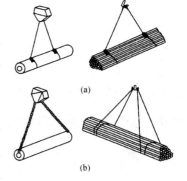

图 5-7　双圈穿套及吊篮结索法

（a）双支单双圈穿套结索法；

（b）吊篮式结索法

物体绑扎方法较多,应根据作业的类型、环境、设备的重心位置来确定,通常采用平行吊装两点绑扎法。如果物体重心居中可不用绑扎,采用兜挂法直接吊装,如图5-9所示。

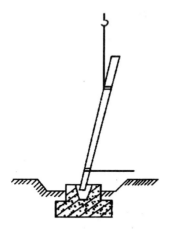

图 5-8　垂直斜形吊装绑扎

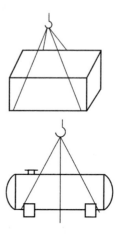

图 5-9　兜挂法

5.2　起重作业的基本操作

5.2.1　撬

在吊装作业中,为了把物体抬高或降低,常采用撬的方法。撬就是用撬杠把物体

图 5-10　撬

撬起,如图5-10所示。这种方法一般用于抬高或降低较轻物体(约200~500kg)的操作中。如在工地上堆放空心板和拼装钢屋架或钢筋混凝土天窗架时,为了调整构件某一部分的高低,可用这种方法。

撬属于杠杆的第一类型(支点在中间)。撬杠下边的垫点就是支点。在操作过程中,为了达到省力的目的,垫点应尽量靠近物体,以减小(短)重臂,增大(长)力臂。作支点用的垫物要坚硬,底面积宜大而宽,顶面要窄。

5.2.2　磨

磨是用撬杠使物体转动的一种操作,也属于杠杆的第一类型。磨的时候,先要把物体撬起同时推动撬杠的尾部使物体转动(要想使重物向右转动,应向左推动撬杠的尾部)。当撬杠磨到一定角度不能再磨时,可将重物放下,再转回撬杠磨第二次、第三

图 5-11　磨

次……

在吊装工作中，对重量较轻、体积较小的构件，如拼装钢筋混凝土天窗架需要移位时，可一人一头地磨；如移动大型屋面板时也可以一个人磨，如图 5-11 所示；也可以几个人对称地站在构件的两端同时磨。

5.2.3　拨

拨是把物体向前移动的一种方法，它属于第二类杠杆，重点在中间，支点在物体的底下，如图 5-12 所示。将撬杠斜插在物体底下，然后用力向上抬，物体就向前移动。

5.2.4　顶和落

顶是指用千斤顶把重物顶起来的操作，落是指用千斤顶把重物从较高的位置落到较低位置的操作。

第一步，将千斤顶安放在重物下面的适当位置，如图 5-13（a）所示。第二步，操作千斤顶，将重物顶起，如图 5-13（b）所示。

第三步，在重物下垫进枕木并落下千斤顶，如图 5-13（c）所示。第四步，垫高千斤顶，准备再顶升，如图 5-13（d）所示。如此循环往复，即可将重物一步一步地升高至需要的位置。落的操作步骤与顶的操作步骤相反。在使用油压千斤顶

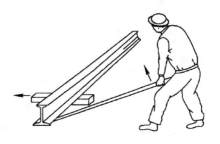

图 5-12　拨

落下重物时，为防止下落速度过快发生危险，要在拆去枕木后，及时放入不同厚度的木板，使重物离木板的距离保持在 5cm 以内，一面落下重物，一面拆去和更换木板。木板拆完后，将重物放在枕木上，然后取出千斤顶，拆去千斤顶下的部分垫木，再把千斤顶放回。重复以上操作，一直到将重物落至要求的高度。

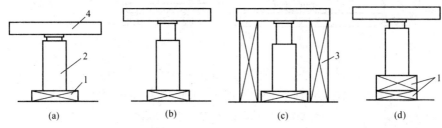

图 5-13　用千斤顶逐步顶升重物程序图

（a）最初位置；（b）顶升重物；（c）在重物下垫进枕木；（d）将千斤顶垫高准备再次提升

1—垫木；2—千斤顶；3—枕木；4—重物

5.2.5 滑

滑就是把重物放在滑道上，用人力或卷扬机牵引，使重物向前滑移的操作。滑道通常用钢轨或型钢做成，当重物下表面为木材或其他粗糙材料时，可在重物下设置用钢材和木材制成的滑橇，通过滑橇来降低滑移中的摩阻力。如图 5-14 所示，为一种用槽钢和木材制成的滑橇示意图。滑橇下部由两层槽钢背靠背焊接而成，上部由两层方木用道钉钉成一体。滑移时所需的牵引力必须大于物体与滑道或滑橇与滑道之间的摩阻力。

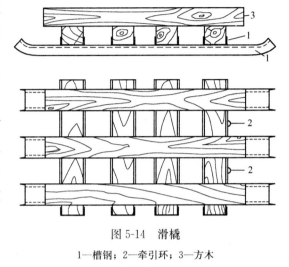

图 5-14　滑橇
1—槽钢；2—牵引环；3—方木

5.2.6 滚

滚就是在重物下设置上下滚道和滚杠，使物体随着上下滚道间滚杠的滚动而向前移动的操作。

滚道又称走板。根据物体的形状和滚道布置的情况，滚道可分为两种类型：一种是用短的上滚道和通长的下滚道，如图 5-15（a）所示；另一种是用通长的上滚道和短的下滚道，如图 5-15（b）所示。前者用以滚移一般物体，工作时在物体前进方向的前方填入滚杠；后者用以滚移长大物体，工作时在物体前进方向的后方填入滚杠。

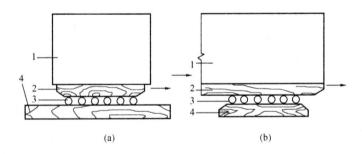

(a)　　　　　　　　　　(b)

图 5-15　滚道
（a）短的上滚道和通长的下滚道；（b）长的上滚道和短的下滚道
1—物件；2—上滚道；3—滚杠；4—下滚道

上滚道的宽度一般均略小于物体宽，下滚道则比上滚道稍宽。滚移重量不很大的物体时，上、下滚道可用方木做成，滚杠可用硬杂木或钢管。滚移重量很大的物体时，上、下滚道可采用钢轨制成，滚杠用无缝钢管或圆钢。为提高钢管的承载力，可在管内灌混凝土。滚杠的长度应比下滚道宽度长 20～40cm。滚杠的直径，根据荷载不同，一般为 5～10cm。

滚运重物时，重物的前进方向用滚杠在滚道上的排放方向控制。要使重物直线前进，必须使滚杠与滚道垂直；要使重物拐弯，则使滚杠向需拐弯的方向偏转。纠正滚杠的方向，可用大锤敲击。放滚杠时，必须将头放整齐。

5.3 起重装卸作业

施工现场的起重作业常常需要进行物件装卸，作为起重司索人员，需要直接对物件装卸进行指挥，所以有必要掌握物件装卸的操作安全要点。

（1）分派任务时，要向工人交代货物名称、性质、作业地点、使用工具及安全注意事项等，班组长或安全员应根据装卸作业特点对全班人员进行安全教育。

（2）在工作开始前，须检查装卸地点和道路，清除障碍。

（3）在集体搬运物件时，每个人负荷一般不得超过 70kg。搬运时动作要互相协调，稳步行进。

（4）滚动和移动重物时，要站在重物的侧面或后面，以防物件倾倒。

（5）人力抬运 80kg 以上物件到高处时，脚手板的坡度应符合要求，其垂直高度不得超过 3m，其长度至少应比高度大 3 倍。物件在上面通过时，脚手板不得有较大的弯曲，脚手板接头必须固定牢固，严禁出现探头板。

（6）多人抬运物件时，须有人指挥，协调一致，同起同落。

（7）用滚杠搬运时，应有专人指挥，其运行速度不得过快；摆放滚杠时，要防止滚杠压伤手脚。滚动物件的正前方不得有人。

（8）装卸散货（如水泥、石灰、石英砂等）应将袖口、裤脚扎紧，戴好防尘口罩、防尘帽。

（9）冬季装卸，应将道路和脚手板上的积雪和冰霜清扫干净，并采取防滑措施。

（10）装卸易燃、易爆、有毒、有腐蚀、有放射性物品以及压缩气体或液化气体气瓶等危险品时，应先了解危险物品的性质、包装情况和操作要求。

（11）进行危险品装卸作业时，禁止随身携带火柴、打火机等易燃易爆物品。

（12）装卸危险品时，必须轻拿轻放，不得冲撞、肩扛、背驮、拖拉和猛烈振动。

（13）危险品装车应堆码整齐、平稳，禁止放倒和超高堆放。

（14）危险品包装如有腐蚀、损坏、容器加封不严密或有渗漏现象，禁止搬运。

（15）遇水能起反应的危险品（如电石等）禁止雨天装卸。

（16）装卸电石桶时，桶盖不得对人。如发现桶身有膨胀现象，应先将桶盖螺丝松开，使桶内气体放出后再行搬运。搬运电石桶不应使用钢质、铁质工具，且不得将桶放在潮湿的地方。

（17）装卸黄磷必须先检查后装运。如发现桶漏、少水或无水时禁止装运。

（18）从事装卸、搬运沥青的工人，应佩戴有披肩的风帽、防护眼镜、鞋盖、口罩、手套等，工作完毕后必须洗澡。皮肤病患者或对沥青过敏的人员，不得从事沥青工作。

（19）装卸时，汽车未停稳不得抢上跳下。开关汽车栏板时必须两人进行，并提醒附近人员离开。汽车未进入卸货地点，不得打开汽车栏板；打开汽车栏板后，严禁汽车移动位置。

（20）装车时，前后货物必须均衡，堆码捆绑牢固，防止偏载、倒塌、滑动；卸车时，务必从上至下依次卸货，不得在货物下部抽卸，以防倒塌砸人。

（21）装卸大型圆柱物件，应使用绳索拖拉固定，同时用三角楔塞住，以防滚动。

（22）汽车运输货物时，禁止人货混装，禁止超宽、超高、超重。散装货物装车时，禁止两侧对装，以防用力过猛打伤对面人员。

5.4 起重吊装作业

5.4.1 物料的吊运

施工现场起重吊运作业环境复杂，物料品种较多，需要各工种配合。起重设备的选择、物料的绑扎、吊装的指挥等各个方面能否科学有序进行关系吊运作业的安全保障。

1. 起重设备型号选择

（1）首先要了解施工现场起重设备需要吊运物料的概况，从效率、最大起重物体、现场作业情况等方面对选用的设备进行评估。所配备的起重设备，其额定起重能力必须大于物件的重量，并有一定的余量；变幅功能的起重机在吊运物件时，变化此幅度的起重能力必须大于此位置就位物件的重量；根据吊运物件的高度及物件越过障碍物总高度（安全规程要求高度），合理配备起重设备最大起升高度，以满足吊运高度的要求。作业环境的综合情况对配备的起重机类型有时候起到决定性作用。例如，根据地面松软程度配备履带起重机或轮胎起重机（特殊情况下地面须铺设路基箱或枕木）；如附近有高压线，变幅起重机的变幅距离需要根据离高压线距离来计算。

（2）兼顾经济效益，必要时，可选用多台较小规格型号的设备对现场特种物料进行抬吊。在两台或多台起重机吊运同一重物时，须制定起重吊运专项方案，并严格遵守安全技术操作规程。例如，起重钢丝绳应保持垂直；各台起重机的升降运行应保持同步；各起重机所承受的荷载均不得超过各自额定起重能力的 80% 等。这种型号选用方式，可增加作业覆盖率，多工种互不干扰，提高工作效率。

2. 起重设备位置选择

起重作业的施工现场布置与使用的起重设备、起重作业的方法及起重作业的安全性有着密切的联系。布置施工现场时应考虑以下内容：

（1）施工现场的布置应尽量减少吊运距离与装卸次数。

（2）应考虑设备的运输、拼装、吊运位置。

（3）选定流动式起重机的合适吊装位置，使其能变幅、旋转、升高，顺利完成吊装作业。

（4）整个作业现场的布置必须考虑施工的安全和司索、指挥人员的安全位置及与周围物体的安全距离。

（5）在易燃易爆区内作业，应遵守有关安全规定。

3. 现场起重作业

（1）准备吊具及吊索

对吊物的重量和重心估计要准确，如果是目测估算，应增大 20％来选择吊具及吊索。

每次吊装都要对吊具进行认真检查，如果是旧吊索，应根据情况降级使用，决不可侥幸超载或使用已报废的吊具。

（2）捆绑吊物

1）吊运前应对吊物进行归类、清理和检查，吊物不能被其他物体挤压，被埋或被冻结的物体要完全挖出，要切断与周围物件的一切联系，防止造成超载。

2）应将吊物表面或空腔内浮摆的杂物及可动的零件锁紧或捆牢。形状或尺寸不同的物体不经特殊捆绑不得混吊，防止坠落伤人。

3）捆扎部位的毛刺要打磨平滑，尖棱利角应加垫物，防止起吊受力后损坏吊索；表面光滑的吊物应采取措施，防止起吊后吊索滑动或吊物滑落。

4）捆绑吊挂后余留的不受力绳索应紧系在吊物或吊钩上，不得留有绳头悬索，防止在吊运过程中钩挂人或物。

5）吊运大而重的物体应敷设诱导绳，诱导绳长度应使司索工既可握住绳头，同时又能避开吊物正下方，以便控制吊物。

（3）挂钩起吊

1）吊钩要位于被吊物件重心的正上方，不准将吊钩斜拉硬挂，防止吊物提升后翻转、摆动。

2）高大吊物需要垫物攀高挂钩、摘钩时，脚踏物一定要稳固垫实，禁止使用易动物体（如圆木、管子、滚筒等）。高处作业必须系挂安全带。

3）多人吊挂同一吊物时，应设专人负责指挥，当物件吊挂完备，所有人员都离开并到达安全位置后，才可发出起钩信号。

4）挂钩、起吊作业时，地面人员不应停留在吊物倾覆、坠落所涉及的范围内；作业场地为斜面时，则应站在斜面上方，防止吊物坠落后沿斜面滚移伤人。

（4）摘钩卸载

1）吊物运输到位前，应选择好放置位置，吊物不要挤压电气线路和其他管线，不要阻塞通道。

2）针对不同吊物种类应采取不同措施加以支撑、楔柱、垫稳、归类摆放，不得混码、互相挤压、悬空摆放，防止物体滚落、侧倒、塌垛。

3）摘钩应等所有吊索都松弛后再进行。吊钩要等所有吊索从吊钩上确认摘下后再起钩。不允许抖绳摘索，更不允许利用起重机抽索。

（5）搬运过程的指挥

1）无论采用何种指挥信号，必须规范、准确、明了。

2）指挥者所处位置应能全面观察作业现场，并使司机、司索工都可以清楚看到。

3）在整个作业过程中，尤其是吊物悬挂在空中时，作业人员均不得擅离职守，应密切注意观察吊物及周围情况，如发现问题须及时发出指挥信号。

（6）施工现场物料吊运

1）细长物件的吊运。水平吊运细长杆件（如脚手架、钢筋等）时，吊点的位置应在距重心等距离的两端，吊钩通过重心。具体吊点的选择参照5.1.2节进行计算。起吊时，吊钩应向下支撑点方向移动以保持吊索垂直，避免形成拖拽，产生碰撞。同时应有防滑措施，防止物体滑落。

2）散料的吊运。施工现场使用的墙体砌块、脚手架卡扣等散料的吊运，应根据所选起重机型号的不同，选择相应的容器。所选容器应采用三吊点或四吊点吊运。

3）板状物件的吊运。施工现场板状物或大型模板的吊运，应根据物件的形状、大小、重量等选择专用索具或吊具，采用两吊点、三吊点或四吊点并在物件上设置牵引绳，以保证物件在吊运过程中稳定运行，并能准确定位。

4）设备的吊运。设备本体上设有吊耳的应采用其自带的吊耳，设备本体上无吊耳的，应根据现场设备吊装的要求，按照有关规范选择制作设备的吊耳。吊耳制作时一般应选用与本体相一致的材料，并做好材料的检验工作。

5）流体的吊运。施工现场水、混凝土等流体的吊运，应采用密闭容器来完成。

6）轻质材料的吊运。建筑施工现场保温板、屋面板等轻质材料，由于其具有质量轻、体积大等特点，在吊运过程中宜采用两吊点并设置牵引绳的方式，防止轻质材料在吊运过程中随风飘移，实现准确定位。

5.4.2 单层工业厂房的吊装

装配式钢筋混凝土单层工业厂房的结构件有柱、基础梁、吊车梁、连系梁、托架、屋架、天窗架、屋面板、墙板及支撑等。构件的吊装工艺有绑扎、吊升、对位、临时固定、校正、最后固定等工序。在构件吊装之前，必须切实做好各项准备工作，包括场地清理，道路修筑，基础准备，构件的运输、堆放、就位、拼装加固、检查清理、弹线编号以及吊装机具的装备等。

1. 柱子的吊装

钢筋混凝土柱子类型很多，按其截面形式分有矩形柱、工字形柱和双肢形柱等。一般厂房的柱子质量在 2000～3000kg 之间，大型工业厂房的柱子有的重达 100000kg 以上。

现场预制的钢筋混凝土柱子一般都是平卧（大面朝上）浇制的。为了便于清理和使柱子在起吊中不断裂，应先用起重机将柱身翻转 90°，使小面朝上，并移到吊装的位置堆放。

柱子起吊前，要将基础杯口里面的垃圾清除干净，杯形基础要弹出十字线，柱身要弹出中线（弹三面，两个小面和一个大面）。对厂房的轴线和跨距要进行检查。为了保证吊车梁的标高在同一水平面上，应根据各柱子牛腿面至柱脚的实际尺寸调整其标高，使柱子安装后各牛腿面的标高基本一致。

（1）柱子的绑扎

柱子的绑扎方法、绑扎位置和绑扎点数，应根据柱子的形状、断面、长度、配筋和起重机性能等因素确定。一般中小型柱子（自重 13000kg 以下），大多数绑扎一点；重型柱子或某些配筋少而细长的柱子（如挡风柱），为了防止在起吊中发生断裂，常需绑扎两点，甚至两点以上；有牛腿的柱子，一点绑扎的位置，常选在牛腿以下处（拆卸吊索方便），但如牛腿以上部分较长，有时也绑在牛腿以上处。吊装工字形断面的柱子，绑扎点应选在实心处（矩形短面处），否则，应在绑扎位置中用方木加固翼缘，防止翼缘在起吊中损坏，如图 5-16 所示。同理，双肢柱的绑扎点应选在平腹杆处，如图 5-17 所示。

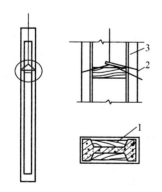

图 5-16 工字形柱绑扎点加固
1—方木；2—吊索；3—工字形柱

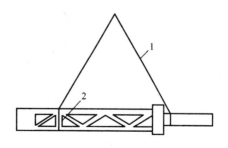

图 5-17 双肢柱的绑扎位置
1—吊索；2—平腹杆

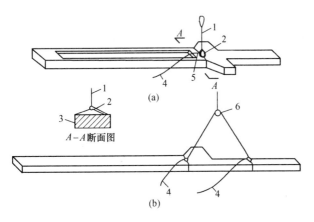

图 5-18 斜吊绑扎法

（a）一点绑扎；（b）两点绑扎

1—吊索；2—卸扣；3—柱子；4—棕绳；5—铅丝；6—滑车

绑扎柱常用的工具为吊索和卸扣。此外，还有各种专用的吊具，如销子、横吊梁等。所用吊具应具有足够的强度，以确保安全施工。在吊索与构件之间还应垫上麻袋、木板等，以免吊索与构件之间相互摩擦造成损伤。常用的绑扎方法如下：

1）斜吊绑扎法

当柱子的大面抗弯能力满足吊装要求时，可采用斜吊绑扎法，如图 5-18 所示。这种方法的优点是：直接把柱子在平卧的状态下从底模上吊起，不需翻身，也不用横吊梁（铁扁担）；柱身起吊后呈倾斜状态，吊索在柱子大面的一侧，起重钩低于柱顶。当柱身较长，起重臂长度不足时，可用此法绑扎。但因柱身倾斜，就位时对正底线比较困难。

采用斜吊绑扎法时，为简化施工操作，减轻劳动强度，可用专用吊具——柱销。这种吊具的用法是：在柱子吊点处预留孔洞，绑扎时将柱销插入预留孔中，反面用一个垫圈、一个插销将柱销拴紧，即可起吊。脱销时，将吊钩放松，在地面先将插销拉脱，再利用拉绳或吊杆旋转将柱销拉出，如图 5-19 所示。

2）直吊绑扎法

柱子的大面抗弯能力不足时，就要在吊装前先将柱子翻身，再绑扎起吊，这时就要采取直吊绑扎法。这种绑扎法是用吊索绑牢柱身，从柱子大面两侧分别扎住卸扣，再与

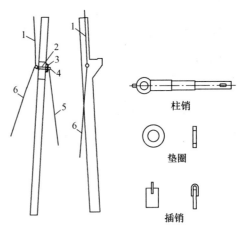

图 5-19 用柱销连接吊装柱子

1—吊索；2—柱销；3—垫圈；
4—插销；5—插销拉绳；6—柱销拉绳

横吊梁相连，如图 5-20 所示。起吊后，横吊梁跨于柱顶上，柱身呈直立状态，便于垂直插入杯口。但因横吊梁高过柱顶，因此需要较大的起重高度。如图 5-21 所示为其他柱子绑扎方法的示意图。

（2）柱子的吊升

柱子的吊升方法，应根据柱子重量、长度、起重机性能和现场条件而定。

1）单机吊装

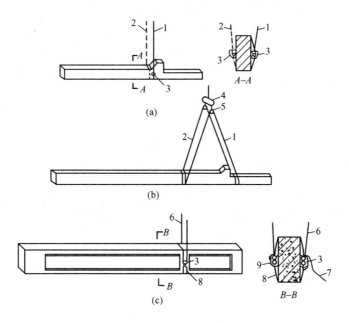

图 5-20 直吊绑扎法

（a）一点绑扎；（b）两点绑扎；（c）长短吊索绑扎

1—第一支吊索；2—第二支吊索；3，9—卸扣；4—横吊梁；5—滑车；

6—长吊索；7—棕绳；8—短吊索

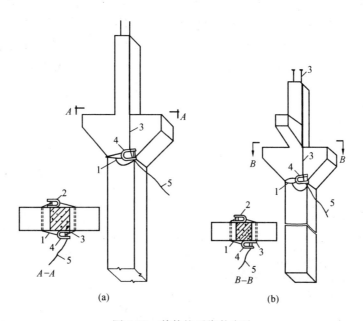

图 5-21 其他柱子绑扎方法

（a）两面牛腿柱绑扎方法；（b）三面牛腿柱绑扎方法

1—短吊索；2，4—卸扣；3—长吊索；5—棕绳

采用单机吊装时，一般有旋转法和滑行法两种吊升方法。

① 旋转法。这种方法是起重机边提升边回转，使柱子绕柱脚旋转而吊起插入杯口。为在吊升过程中保持一定的回转半径（起重臂不变幅），在预制或堆放柱子时，应使柱子的绑扎点、柱脚中心和杯口中心三点共圆弧，该圆弧的圆心为起重机的回转中心，半径为圆心到绑扎点的距离。柱子排放时，应尽量使柱脚靠近基础，以提高吊装速度，如图 5-22 所示。

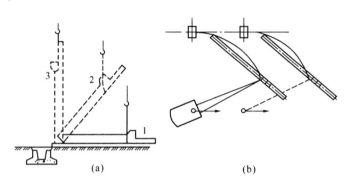

图 5-22　旋转法吊柱
（a）旋转过程；（b）平面布置
1，2，3—绑扎点

如遇条件限制，不能布置成三点共圆时，也可采取绑扎点或柱脚与杯口中心两点共圆弧。这种布置法在吊升过程中，要改变回转半径，升降起重臂，工效较低且不够安全。

② 滑行法。柱子吊升时，起重机只升吊钩，起重臂不动，使柱脚沿地面滑行逐渐直立，然后插入杯口。采用滑行法吊升时，柱子的绑扎点应布置在杯口附近，并与杯口中心位于起重机的同一工作半径的圆弧上，以便将柱子吊离地面后，稍移动起重臂，即可就位，如图 5-23 所示。

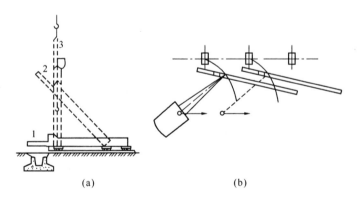

图 5-23　滑行法吊柱
（a）滑行过程；（b）平面布置
1，2，3—绑扎点

用旋转法吊升柱子，在吊装过程中柱子所受的振动较小，生产率较高，但对起重机的机动性要求较高。与旋转法相比较，采用滑行法吊柱子的缺点是在滑行过程中柱子受振动，须有减小柱子滑行阻力的措施。优点是在起吊中，起重机只需稍转动起重臂，即可将柱子吊装就位，比较安全。因此，一般中小型柱子吊升多采用旋转法。当柱子较重、较长，起重机在安全荷载下的回转半径不够，现场狭窄，柱子无法按旋转法排放以及使用臂架式起重机吊装时，方可采用滑行法。

为减少滑行时柱脚与地面的摩阻力，须在柱脚下设置托板、滚杠并铺设滑行道，如图 5-24 所示。

2）双机抬吊

当柱子重量大，一台起重机吊不动时，则采用两台起重机抬吊，即双机抬吊。双机抬吊有滑行法和递送法两种。

① 滑行法。滑行法的平面布置如图 5-25（a）所示，柱子斜向布置，并注意使起吊绑扎点尽量靠近基础杯口。吊装时先将柱子翻身就位，在柱脚下设置托板、滚杠并铺好滑行道；然后两机相对而立同时起升，直至柱子被垂直吊离地面时为止，最后两机同时落钩使柱子插入杯口，如图 5-25（b）所示。

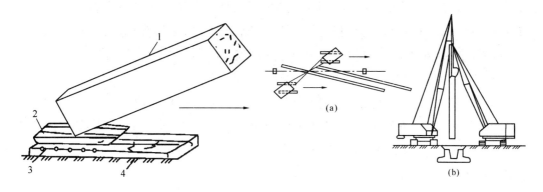

图 5-24　减少滑行阻力　　　　　图 5-25　双机抬吊滑行法
1—柱；2—托板；3—滚杠；4—滑行道　　（a）平面布置；（b）把柱子吊离地面

② 递送法。递送法的平面布置和递送过程如图 5-26 所示。双机抬吊递送法中的两台起重机，一台作为主机起吊柱子，另一台作为副机起吊柱脚，配合主机起钩。随着主机的起吊，副机要进行跑车和回转，将柱脚递送到基础杯口上面。在一般情况下，副机将柱脚递送到杯口后即卸去吊钩，让主机单独将柱子就位（此时主机承担柱子全部重量）。如主机不能承担柱子全部重量，则须用主、副机同时将柱子落到设计位置后副机才能卸钩。此时，为防止吊在柱子下端的起重机减载，在抬吊过程中，应始终使柱子保持倾斜状态，直至将柱子落到设计位置后，再由吊于柱子上端的起重机徐徐旋转吊杆将柱子转直。

双机抬吊应注意尽量选用两台同类型的起重机，根据两台起重机的类型和柱的特

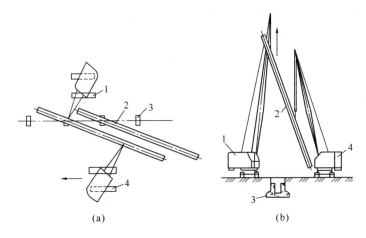

图 5-26   递送法双机抬吊

(a) 平面布置；(b) 柱子吊离地面

1—主机；2—柱子；3—基础；4—副机

点，选择绑扎位置与方法，对两台起重机进行合理地载荷分配。为确保安全，各起重机的载荷不宜超过其额定起重量的 80%。用递送法吊装时，如副机只起递送作用，应考虑主机满载。在操作中，两台起重机的动作必须互相配合，两机的吊钩滑车组不能有较大倾斜，以防因一台起重机失重而使另一台超载，或采用辅助吊具如平衡滑轮、平衡梁等，平衡钢丝绳分支拉力和调整钢丝绳长度，使吊装构件保持平衡。

(3) 就位和临时固定

起重机落钩将柱子放到杯底后应进行对线工作；采用无缆风绳校正时，应使柱身中线对准杯底中线，在基础杯口用硬木楔或钢楔做临时固定时，楔子应逐步打紧，以防使对好线的柱脚走动；细长柱子的临时固定应增设缆风绳。起吊较重的柱子时，当起重机起重臂仰角大于 75°时，在卸钩时应先落起重臂，防止吊钩拉斜柱子和起重臂后仰。

(4) 校正

1) 平面位置校正

平面位置校正有钢钎校正法和反推法两种。钢钎校正法是将钢钎插入基础杯口下部，两边垫以旗形钢板，然后敲打钢钎移动柱脚，如图 5-27 所示。反推法是假定柱偏左，须向右移，先在左边杯口与柱间空隙中部放一大锤，如柱脚卡了石子，应将右边的石子拨走或打碎，然后在右边杯口上放丝杠千斤顶推动柱，使之绕大锤旋转以移动柱脚，如图 5-28 所示。

2) 垂直度校正

柱子垂直度校正一般均采用无缆风绳校正法。重量较轻的柱子用敲打杯口楔子或敲打钢钎等专用工具进行校正，如图 5-27 所示；重量较重的柱子则须采用千斤顶校正，如图 5-29、图 5-30 所示。

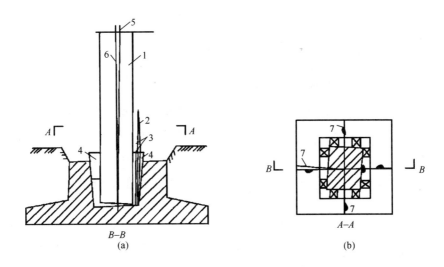

图 5-27　敲打钢钎法校正柱平面位置

（a）B—B剖视；（b）A—A剖视

1—柱；2—钢钎；3—旗形钢板；4—钢楔；5—柱中线；6—垂直线；7—直尺

（5）固定

钢筋混凝土柱是在柱与杯口的空隙内浇灌细石混凝土作最后固定的。灌缝工作应在校正后立即进行。灌缝前，应将杯口空隙内的杂物清除干净，并用水湿润柱子和杯口壁。对于因柱底不平或柱脚底面倾斜而造成柱脚与杯底间有较大空隙的情况，应先灌一

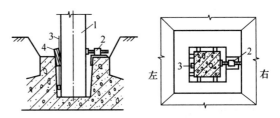

图 5-28　用反推法校正柱平面位置

1—柱；2—丝杠千斤顶；3—大锤；4—木楔

层稀水泥砂浆，填满空隙后，再灌细石混凝土。灌缝工作一般分两次进行。第一次灌至楔子底面，待混凝土强度达到设计强度的 25% 后，拔出楔子，全部灌满。捣混凝土时，不要碰动楔子。

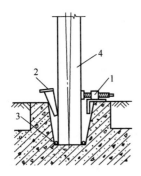

图 5-29　千斤顶平顶法校正柱子垂直度

1—丝杠千斤顶；2—楔子；3—石子；4—柱

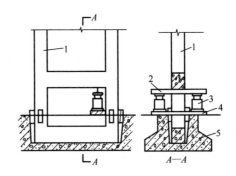

图 5-30　千斤顶立顶法校正双肢柱垂直度

1—双肢柱；2—钢梁；3—千斤顶；4—垫木；5—基础

2. 吊车梁的吊装

（1）绑扎、起吊、就位和临时固定

吊车梁的吊装必须在柱子杯口两次灌浆的混凝土强度达到 70％以上后进行。吊车梁的绑扎点应对称地设在梁的两端，两根吊索要等长，使吊车梁起吊后基本保持水平。在梁的两端应使用溜绳以控制梁的转动。就位时应缓慢落钩，使吊车梁的端面与柱牛腿面的横轴线对准。如横轴线未对准，应将吊车梁吊起，再重新对位，如图 5-31 所示。一般钢筋混凝土吊车梁在就位时用垫铁垫平即可，不需采取特殊的临时固定措施。但当梁的高度与底宽之比大于 4 时，应采取临时固定措施，以防倾倒。

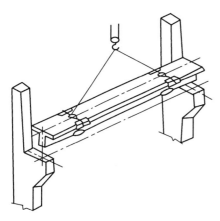

图 5-31　吊车梁的吊装

（2）校正

中小型吊车梁的校正工作宜在屋盖吊装后进行；重型吊车梁如在屋盖吊装后校正难度较大，常采取边吊边校法施工，即在吊装就位的同时进行校正。混凝土吊车梁校正的主要内容包括垂直度和平面位置校正，两者应同时进行。

1）垂直度校正

吊车梁垂直度用靠尺、线锤检查。T 形吊车梁测其两端垂直度，鱼腹式吊车梁测其跨中两侧垂直度。校正吊车梁的垂直度时，要将吊车梁抬起，在吊车梁底端与柱牛腿面之间垫入斜垫块。校正可根据吊车梁的轻重使用千斤顶等进行，也可在柱上或屋架上悬挂倒链，将吊车梁需垫铁的一端吊起进行。

2）平面位置校正

吊车梁平面位置校正，包括直线度（使同一纵轴线上各梁的中线在一条直线上）和跨距两项。中小型吊车梁可用拉钢丝法和仪器放线法校正，重型吊车梁常采取边吊边校法校正。

（3）固定

吊车梁的最后固定，是在吊车梁校正完毕后，用连接钢板与柱侧面、吊车梁顶端的预埋铁件相焊接，并在接头处支模，浇灌细石混凝土。

3. 屋架的吊装

钢筋混凝土屋架有三角形屋架、梯形屋架、拱形屋架、折线形屋架和组合屋架等型式。工业厂房的钢筋混凝土屋架，一般在现场平卧叠浇。吊装的施工工序是：绑扎、翻身（扶直）、吊装、临时固定、校正和固定。

（1）绑扎

屋架的绑扎点，应选在上弦节点处或其附近，对称于屋架的重心。翻身时吊索与水平线的夹角不宜小于 60°，吊装时不宜小于 45°。吊点的数目及位置，与屋架的型式和跨度有关，一般由设计部门确定。如施工图上未注明或需改变吊点数目和位置时，应事先对吊装应力进行验算。

屋架跨度小于或等于 18m 时绑扎两点即可；跨度大于 18m 时需绑扎四点；当跨度大于 30m 时，应考虑采用横吊梁，以减小起重高度。三角形组合屋架由于整体性和侧向刚度较差，且下弦为圆钢或角钢，必须用横吊梁绑扎，最好加绑木杆等加固。常见屋架的绑扎方法见表 5-1。

屋架的绑扎方法   表 5-1

屋架名称	示 意 图	说 明
18～24m 钢筋混凝土屋架	1—长吊索对折	两支吊索，四点绑扎。适用于翻身和起吊
30m 钢筋混凝土屋架	1—长吊索对折；2—单根吊索；3—单门滑车；4—横吊梁	使用 9m 横吊梁，两个单门滑车和四根吊索（横吊梁上两根，横吊梁下两根），绑扎四点。适用于翻身和起吊
30m 或 36m 半榀钢筋混凝土屋架	1—平衡吊索；2—长吊索穿滑车组；3—双门滑车；4—单门滑车	用一个双门滑车、三个单门滑车和一根长吊索穿滑车组，绑扎于 B、C、D 三点，另用一根平衡吊索（单根）使屋架起吊后下弦水平。适用于半榀屋架翻身
36m 钢筋混凝土屋架	1—长吊索对折；2—单根吊索	每台起重机使用一根长吊索和一根短吊索，长吊索对折绑于 A、B（或 A'、B'）两节点上。后机两根吊索的长度要考虑后机吊起屋架后能够"调档"，适用于双机抬吊

屋架名称	示　意　图	说　明
三角形组合屋架	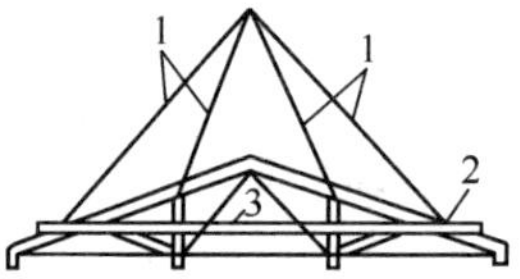 1—长吊索对折； 2—铅丝；3—加固木杆	下弦为钢筋的组合屋架，用四点绑扎，并绑木杆加固下弦；下弦为型钢的组合屋架，跨度小于12m的可只绑扎两点。适用于翻身和起吊
钢筋混凝土屋架	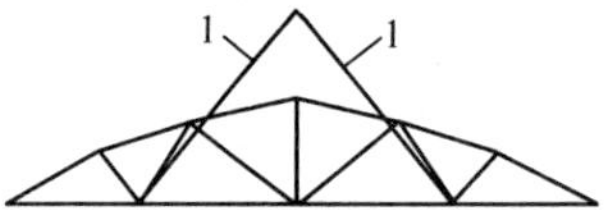 1—长吊索对折	两根吊索对折，把屋架夹在中间，绑于下弦。此法可降低起吊高度，适用于用较短吊杆起吊屋架。钢丝绳要在结点处用小绳定位，防止内滑
钢屋架	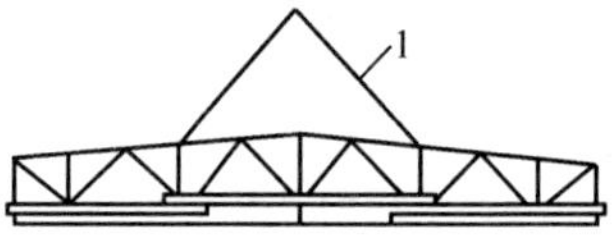 1—长吊索对折	适用于单机吊装。因下弦受压，如需加固，应加固下弦
钢屋架	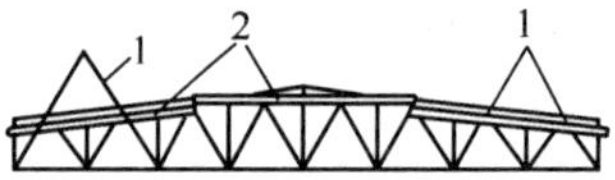 1—长吊索对折；2—加固木杆	适用于双机抬吊。因上弦受压，故加固上弦
钢屋架、钢天窗架	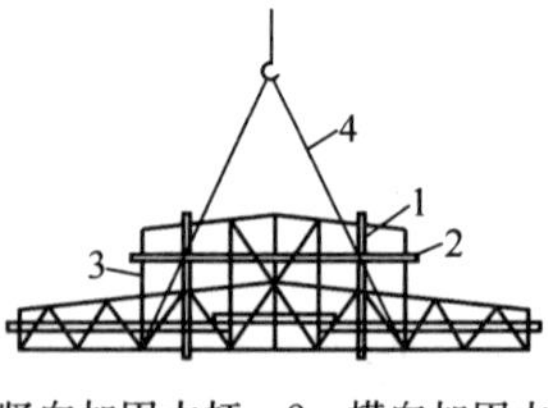 1—竖向加固木杆；2—横向加固木杆； 3—天窗架；4—长吊索对折	两根吊索对折，把天窗架夹在中间，以保持天窗架稳定。此法可免除天窗架高空安装

注："调档"即起重机吊着构件将它从吊杆一侧通过吊杆下铰点转至另一侧的操作。

（2）翻身（扶直）

由于屋架在现场平卧预制，在吊装前，先要翻身扶直，并将其吊运至预定地点就位。由于起重机与屋架的相对位置不同，扶直屋架有两种方法：

1）正向扶直。起重机位于屋架下弦一边，首先以吊钩对准上弦中点，收紧吊钩，然后略微升起重臂，使屋架脱模。接着起钩、升杆，使屋架以下弦为轴缓缓转至直立状态，如图 5-32（a）所示。

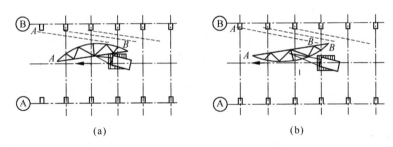

图 5-32 屋架的扶直
(a) 正向扶直；(b) 反向扶直

2）反向扶直。起重机位于屋架上弦一边，吊钩对准上弦中点，随着起钩、降杆，使屋架绕下弦转动而直立，如图 5-32（b）所示。

两种扶直方法的不同点，是在扶直过程中，一升杆，一降杆，以保持吊钩始终在上弦中点的垂直上方。升杆比降杆易于操作，也较安全，因此，应尽可能采用正向扶直。

屋架翻身的操作注意事项：屋架是平面受力构件，扶直时，在自重作用下屋架承受着平面外力，部分地改变了构件的受力性质，特别是上弦杆极易挠曲开裂，因此事先必须进行吊装应力的验算。如截面强度不够，要采取加固措施。同时，在操作时应注意以下几个方面：

1）重叠生产的屋架翻身时，须在屋架两端用木方搭井字架，井字架顶面与要翻身的屋架下口齐平，以便屋架在翻转立直后搁置其上，防止屋架在翻身中由高处滑到地面而损坏。

2）先将起重机吊钩基本上对准屋架平面的中心，松开转向刹车，然后略起吊杆使屋架脱模，接着起钩，同时配合起吊杆，争取一次将屋架扶直。做不到一次扶直时，应将屋架转到与地面成 70°后再刹车，以防损坏屋架。屋架快扶直时，应调整吊钩对准下弦中点，以防离地后摆动太大。

3）重叠屋架间有严重黏结时可先用撬杠撬动，或用钢钎凿，必要时用倒链脱模。

4）屋架扶直后，应临时放置好。放置的位置与起重机的性能和吊装方法有关，应少占场地，便于吊装，且应考虑屋架的安装顺序和两头朝向问题。一般靠柱边斜放，放置位置范围在布置预制构件平面图时应加以确定。

（3）吊装

屋架的吊装，根据屋架的大小、型式和场地情况，可进行单机吊装和双机抬吊。

1）单机吊装

屋架扶直后的临时放置是靠各种支撑稳定的，起吊时必须待起重机升钩拉紧吊索

101

后，才能将支撑拆除。屋架两端应绑扎溜绳，吊升时应先将屋架吊离地面 50cm 左右，将屋架中心对准安装位置中心，然后再起钩，以尽量减少起重机将屋架吊至高空后的行走和起落吊杆的动作，如图 5-33 所示。屋架起吊后应基本保持水平，吊至柱顶以上，用两端溜绳旋转屋架，使其基本对准安装轴线，随之慢慢落钩。在屋架刚接触柱顶时，即刹车进行就位，使屋架的端头轴线与柱顶轴线重合，对好线后，即进行临时固定。屋架固定稳妥后，起重机才能脱钩。

2）双机抬吊

当屋架的重量较大，一台起重机的起重量不足时，可使用两台起重机抬吊。双机抬吊多采用一机回转、一机跑吊，如图 5-34 所示。

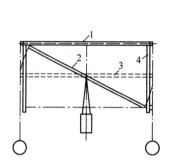

图 5-33　单机吊装
1—已吊装屋架；2—吊装屋架；
3—就位处；4—吊车梁

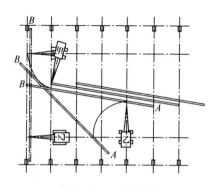

图 5-34　双机抬吊
甲—回转起重机；乙—跑动起重机

屋架立放在跨中，两台起重机分别停在屋架的两侧，共同起吊屋架，甲机在吊装过程中只回转不移动，乙机在吊装过程中须回转及移动。当两机同时起钩将屋架吊离地面约 1.5m 时，乙机将屋架端头从吊杆一侧转向另一侧（也称调档）。当采用履带起重机做此动作需要考虑屋架端头不得与起重机履带及起重臂相碰，如图 5-35 所示。根据调档要求，按下式确定乙机的吊点位置：

$$d \leqslant R - F - C \qquad (5-1)$$

式中　d——吊点至屋架端点的距离，m；

　　　R——起重半径，m；

　　　F——起重机底铰至回转中心的距离，m；

　　　C——吊装间隙，一般取 $0.3 \sim 0.5$m。

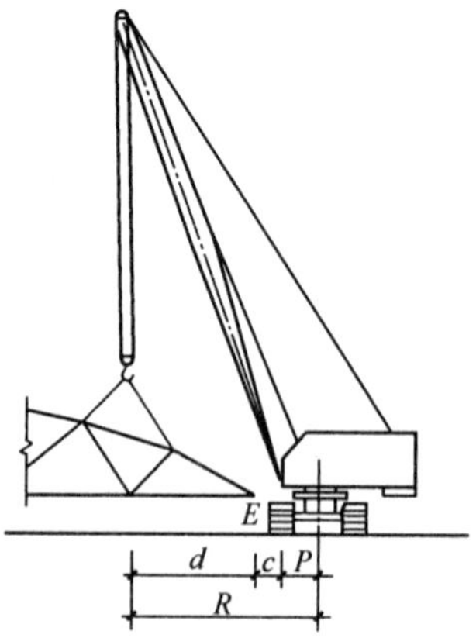

图 5-35　调档计算简图

双机抬吊屋架时，可使用不同类型的起重机，但必须对两机进行统一指挥，使之互相配合，动作协调。在整个吊装过程中，两台起重机的吊钩滑车组，都应基本保持垂直状态。起吊时两机将各自的吊索拉紧后方可拆除稳定屋架的木撑。双机抬吊屋架起吊时,主机应先将屋架吊离支垫,而落钩时则副机应先将屋架就位到柱头上。

(4)临时固定、校正和固定

第一榀屋架的临时固定必须十分可靠,因为它是单片结构,侧向稳定性很差,同时它又是第二榀屋架的支撑。做法一般是在两侧各设置两道缆风绳作临时固定和校正用,有防风柱的可与防风柱连接固定。以后的各榀屋架,可用屋架校正器做临时固定和校正,如图 5-36 所示。15m 跨度以内的屋架用一根校正器,18m 跨度以上的屋架用两根校正器。为消除屋架旁弯对垂直度的影响,可用挂线卡子在屋架下弦一侧外伸一段距离拉线,并在上弦用同样距离挂线锤检查。跨度在 24m 以内且无天窗的屋架,检查跨中一点,有天窗架时,检查两点;30m 以上的屋架,检查两点。当使用两根校正器同时校正时,摇手柄的方向必须相同,快慢也应基本一致。

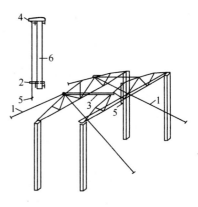

图 5-36 用屋架校正器临
时固定和校正屋架

1—第一榀屋架上缆风;2—卡在屋架下弦
的挂线卡子;3—校正器;4—卡在屋架上弦
的挂线卡子;5—线锤;6—屋架

伸缩缝处的一对屋架,可用小校正器(构造与上述屋架校正器相同)临时固定和校正。

屋架经校正后,就可上紧锚栓或电焊作最后固定。用电焊作最后固定时,应避免同时在屋架两端的同一侧施焊,以免因焊缝收缩使屋架倾斜。施焊后,即可卸钩。

5.4.3 装配式框架结构的吊装

多层装配式框架结构建筑在目前施工现场越来越普遍,其施工现场吊装也会成为常态。

1. 多层装配式框架结构吊装的特点

多层装配式框架结构吊装具有房屋高度大、占地面积较小,构件类型多、质量大且不可分割、数量大、接头复杂,技术要求较高等特点。

2. 吊装机械的选择

在考虑结构吊装方案时,应着重解决吊装机械的选择和布置、吊装顺序和吊装方法等问题。其中,吊装机械的选择是主要环节,所采用的吊装机械不同,施工方案亦各异。

低层装配式框架结构吊装多采用行走式塔式起重机和履带式起重机。其型号选择主要根据房屋的高度与平面尺寸,构件重量、安装位置以及现有机械设备而定。选择时,首先应分析结构情况,绘出剖面图,并在图上注明各种主要构件的重量 Q,吊装

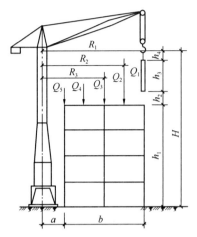

图 5-37 塔式起重机工作参数
计算简图

时所需的起重半径 R；然后根据起重机械性能，验算其起重量、起重高度和起重半径是否满足要求，如图 5-37 所示。

高层装配式建筑，由于高度较大，采用自升式塔式起重机才能满足起重高度的要求。选择时应分别计算出主要构件所需的起重力矩，即 $M_i = Q_i R_i (\mathrm{kN \cdot m})$，以其最大值和各起重量是否符合起重机起重性能表作为选择依据。

3. 起重机吊装方案

现就采用行走式塔式起重机、自升式塔式起重机和履带式起重机的吊装方案，分别简述如下：

（1）采用行走式塔式起重机吊装方案

1）起重机的布置

起重机的布置，一般有单侧布置、双侧布置、跨内布置和环形布置四种方案。

① 单侧布置

如图 5-38（a）、图 5-38（b）所示。当房屋宽度小、构件重量较轻时常采用单侧布置。此时，其起重半径 R 应满足：

$$R \geqslant b + a \tag{5-2}$$

式中 b——房屋宽度，m；

a——房屋外侧至塔轨中心线距离，$a = 3 \sim 5\mathrm{m}$。

此种布置的优点是轨道长度较短，并在起重机的外侧有较宽的构件堆放场地。

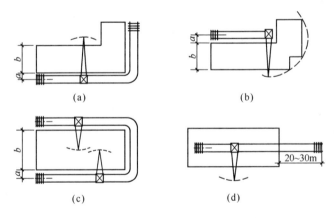

图 5-38 行走式塔式起重机布置方案
（a），（b）单侧布置；（c）双侧布置；（d）跨内单行布置

② 双侧布置

如图 5-38（c）所示，双测布置适用于房屋宽度较大或构件较重的情况，起重半径

应满足：

$$R \geqslant \frac{b}{2} + a \qquad (5\text{-}3)$$

式中　b——房屋宽度，m；

　　　a——房屋外侧至塔轨中心线距离，$a = 3 \sim 5\text{m}$。

若吊装工程量大，且工期紧迫时，可在房屋两侧各布置一台起重机；反之，则可用一台起重机环形吊装。

③ 跨内布置

图 5-38（d）所示为跨内单行布置。这种方案往往是因场地狭窄，在房屋外侧不可能布置起重机，或由于房屋宽度较大、构件较重时才采用。其优点是可减少轨道长度，并节约施工用地。缺点是只能采用竖向综合安装，结构稳定性差；构件多布置在起重半径之外，须增加二次搬运；对房屋外侧围护结构吊装也较困难；同时房屋的一端还应有 $20 \sim 30\text{m}$ 的场地，作为塔吊装拆之用。

④ 跨内环形布置

当房屋较宽、构件较重、起重机跨内单行布置不能起吊全部构件，受场地限制又不可能跨外环形布置时，则宜采用跨内环形布置。

2）吊装物体现场布置

吊装物体的现场布置是否合理对提高吊装效率、保证吊装质量及减少二次搬运有密切关系，因此，物体的布置也是多层框架吊装的重要环节之一。其原则是：

① 尽可能布置在起重半径的范围内，以免二次搬运。

② 重型构件应靠近起重机布置，中小型则布置在重型构件外侧。

③ 构件布置地点应与吊装就位的布置相配合，尽量减少吊装时起重机的移动和变幅。

④ 构件叠层预制时，应满足安装顺序要求，先吊装的底层构件在上，后吊装的上层构件在下。

3）行走式塔式起重机吊装的特点

采用行走式塔式起重机吊装框架结构的优点是：具有较大的有效安装空间，可避免起重臂与已吊装好的构件相碰，且作业范围大，有利于分层分段吊装；塔式起重机吊装效率高，不但能吊装所有的构件，同时还能吊运其他建筑材料；构件的现场布置亦较灵活等。但其缺点是占地较大，拆装费工，须铺轨道。因此，当房屋高度不大时，则宜采用履带式、轮胎式或汽车式起重机进行吊装。

（2）采用自升式塔式起重机吊装方案

对于高层装配式建筑，由于高度较大，只有采用自升式塔式起重机才能满足起重高度的要求。

自升式塔式起重机可布置在房屋内，随着房屋的升高往上爬升，亦可附着在房屋外侧。布置时，应尽量使建筑平面和构件堆场位于起重半径范围内。图 5-39 所示为某 10 层公寓采用自升式塔式起重机的施工平面布置图。

（3）采用履带式起重机吊装方案

履带式起重机重量大、可负载移动，故在装配式框架吊装中经常采用，尤其是当建筑平面外形不规则时，更能显示其优点。但它的起重高度和起重半径均较小，起重臂易碰到已吊装的构件。

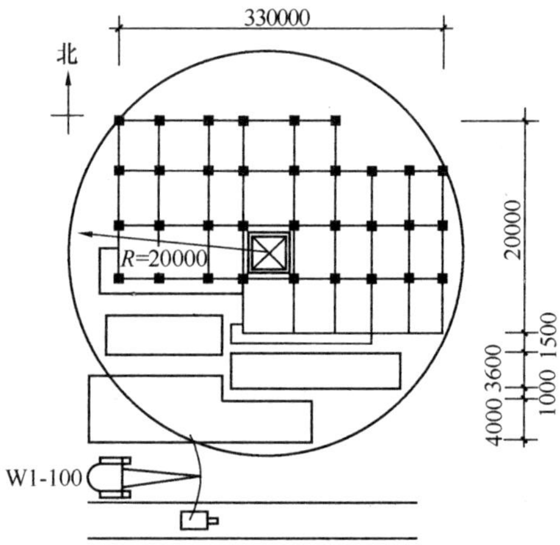

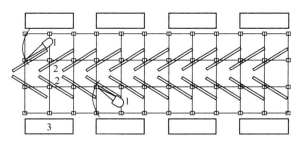

履带式起重机的开行路线有跨内开行和跨外开行两种。当构件重量较大时常采用跨内开行，采用竖向综合吊装方案，将各层构件一次吊装到顶，起重机由房屋一端向另一端开行。如采用跨外开行，则将框架分层以提高吊装效率。

图 5-39 采用自升塔式起重机的
施工平面布置图

由于框架的柱距较小，一般起重机在一个停点可吊两根柱，柱的布置则可平行纵轴线或斜向纵轴线。

图 5-40 所示是履带式起重机跨内开行吊装一幢两层三跨框架结构的构件布置图，柱斜向布置在中跨基础旁，两层叠浇。起重机在两个边跨开行。梁板布置在房屋两外侧，位于起重机有效工作范围内。

图 5-40 履带式起重机跨内开行构件布置图

1—履带式起重机；2—柱的预制场地；3—梁、板堆场

4. 安装方法

多层框架结构的安装方法，可分为分件安装法和综合安装法两种。

（1）分件安装法

根据其流水方式不同，又可分为分层分段流水安装法和分层大流水安装法。

1）分层分段流水安装法

如图 5-41 所示，分层分段流水安装法就是将多层房屋划分为若干施工层，并将每一施工层再划分若干安装段。起重机在每一段内按柱、梁、板的顺序分次进行安装，直至该段的构件全部安装完毕，再转移到另一段去。待一层构件全部安装完毕并最后固定后，

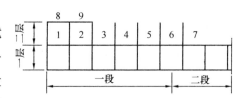

图 5-41 分层分段流水安装法

1～9—安装顺序

106

再安装上一层构件。

施工层的划分与预制柱的长度有关，当柱长度为一个楼层高时，以一个楼层为一施工层；当柱长度为两个楼层高时，以两个楼层为一施工层。安装段的划分，主要应考虑保证结构安装时的稳定性，减少临时固定支撑的数量，使吊装、校正、焊接各工序相互协调，有足够的操作时间。

2）分层大流水安装法

分层大流水安装法与分层分段流水安装法不同之处，主要是在每一施工层上无须分段，所需临时固定支撑较多，只适于在面积不大的房屋中采用。

分件安装法是框架结构安装最常采用的方法。其优点是容易组织吊装、校正、焊接、灌浆等工序的流水作业；易于安排构件的供应和现场布置工作；每次均吊装同类型构件，可提高安装速度和效率；各工序操作较方便安全。

（2）综合安装法

根据所采用吊装机械的性能及流水方式不同，又可分为分层综合安装法与竖向综合安装法。

1）分层综合安装法。

如图5-42（a）所示，分层综合安装法就是将多层房屋划分为若干施工层，起重机在每一施工层中只进行一次吊装作业，首先安装一个节间的全部构件，再依次安装第二节间、第三节间等。待一层构件全部安装完毕并最后固定后，再依次按节间安装上一层构件。

2）竖向综合安装法。

如图5-42（b）所示，竖向综合安装法是从底层直至顶层把第一节间的构件全部安装完毕后，再依次安装第二节间、第三节间等各层的构件。

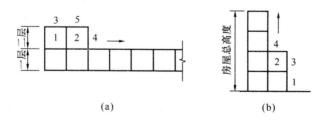

图5-42　综合安装法

（a）分层综合安装法；（b）竖向综合安装法

5.4.4　特殊构件的吊装

1. 门式刚架的绑扎和吊装

门式刚架是柱梁一体的刚性构件，有双铰、三铰等形式，如图5-43所示。门式刚

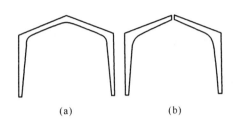

图 5-43 门式刚架

(a) 双铰门式刚架；(b) 三铰门式刚架

架一般都在现场就地预制。双铰门式刚架，跨度较小的整体预制；跨度大的，常预制成两个"「"和一个"∧"形。三铰门式刚架常预制成两个"「"形。连接门式刚架的中柱，则常预制成"Y"形。

（1）绑扎方法

门式刚架的绑扎可视具体情况采用两点或三点绑扎。如图 5-44 所示，图 5-44（a）中两个绑扎点 B 和 C 的选择，要使△ABD 中，AB＝AD，这样刚架吊起后，起重机吊钩通过重心 G，能使刚架柱子保持垂直，便于安装。图 5-44（b）为三点绑扎，其中用一根长吊索绑两点，另用一根平衡吊索保持刚架柱子垂直。平衡吊索的长度应经过估算并在起吊第一个刚架时，根据实际情况确定后用钢丝绳夹固定，也可用倒链进行调整。图 5-44（c）为 Y 形刚架三点绑扎方法，图 5-46（d）为"人"字梁的绑扎方法，要注意绑扎点的连线必须在重心上，以防起吊时倾翻。

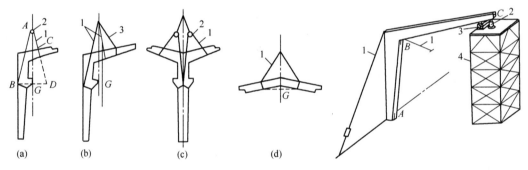

图 5-44 门式刚架的绑扎

(a) 两点绑扎；(b)，(c) 三点绑扎；(d) "人"字梁绑扎

1—吊索；2—卸扣；3—平衡索

图 5-45 刚架临时固定和校正

1—缆风绳；2—千斤顶；

3—木垫；4—临时架子

（2）临时固定

门式刚架与基础的连接为铰接，杯口很浅，所以刚架的临时固定除在杯口打入 8 个楔子外，还必须在悬臂端用临时架子支承，如图 5-45 所示。架子顶部应距刚架悬臂底部 50～60cm，以便放置千斤顶（校正用）和楔子。在纵向，第一榀刚架用缆风绳或支撑作临时固定和校正，以后各榀刚架也可用屋架校正器作临时固定和校正。

（3）校正

刚架在横轴线方向的倾斜，用架子上的千斤顶校正。因刚架重心在跨内，由于杯口楔子松动，架子变形等原因，刚架往往要向内倾斜，因此，校正时，常使刚架向跨外预偏 5～10mm。

刚架在纵轴线方向的倾斜，用缆风绳、支撑或屋架校正器校正。如图 5-46 所示，方法是：同时观察 A、B、C 三点，使这三点都在一个垂直面上，可先校柱子部分的倾斜，使 A、B 两点同在一条垂线上；再检查 C 点，如有偏差，可用撬杠拨动悬臂来调整。观测 A、B、C 三点时，经纬仪应架设在刚架横轴线的 D 点上。如有困难，可用平移法，将经纬仪架设在 E 点上，用卡尺将 A、B、C 三点平移至 A_1、B_1、C_1 三点，并通过校正使之同在一个垂直面上。

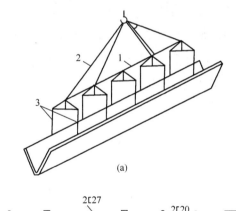

图 5-46 刚架的校正

(a) 正面图；(b) 俯视图

1—卡尺；2—千斤顶；3—垫木；4—经纬仪

2. V 形折板的吊装

（1）吊装前的准备

折板吊装前应对支座的位置、尺寸和三角坡度进行检查，以保证折板起吊后，张开的角度一致和受力均匀。

（2）吊具与吊点的设置

折板必须使用横吊梁采取多点吊装，吊点距离为 2～2.5m，如图 5-47 所示。

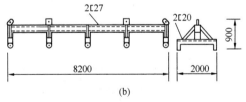

图 5-47 V 形折板吊装

（a）V 形折板吊运；（b）横吊梁

1—横吊梁；2—上部吊索；3—下部吊索

（3）防止折板"塌腰"及扭曲变形的措施

1）每隔 2～3m 用临时拉杆拉住折板边缘，并调整花篮螺丝至初步受力后方可松钩。

2）调整花篮螺丝，使折板脊缝、底缝平直，宽窄均匀，防止折板两边伸出的预留筋相碰，产生板压板的现象。

3）调整后，立即将两块板的吊环相焊，吊环用撬杠撬弯，折平，不要用锤敲击，以防将板面混凝土打坏。吊环不要拱起。

4）如折板的跨度过大，可在板下面设临时支撑，以防折板"塌腰"。

5）调整、焊接后应立即进行灌缝工作。

3. 外形不规则构件的吊装

在多层装配式框架结构中，有时会遇到一些外形不规则的构件，这些构件没有对称面，或者只有一个对称面。这类构件的吊装，关键在绑扎，如绑扎不当，起吊后构件倾斜，安装就十分困难。这类构件根据其外形的特点，大致分为无横向对称面构件、无纵向对称面构件和体形复杂构件等三类。

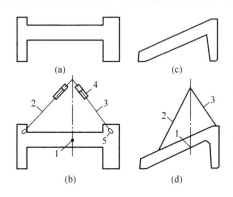

图 5-48　无横向对称面构件的吊装

(a) 截面积不相等的 H 形框架柱；

(b) 不对称 H 形构件绑扎；

(c) 锯齿形天窗架；(d) 锯齿形天窗架绑扎

1—重心；2—长吊索；3—短吊索；

4—滑轮组；5—钢销

（1）无横向对称面构件的吊装

无横向对称面的构件，在它的立面投影图上没有对称轴。图 5-48（a）所示为两个截面积不相等的 H 形框架柱，图 5-48（c）所示为纺织车间常用的锯齿形天窗架，都属于这类构件。这类构件如绑扎不当，将发生倾斜，解决的办法是采用两根或四根长度不相等的吊索来绑扎起吊，如图 5-48（b）、图 5-48（d）所示。每根吊索长度可根据构件重心及绑扎点位置计算确定。

图 5-49 为锯齿形天窗架吊索长度计算简图（具体计算略）。

（2）无纵向对称面构件的吊装

无纵向对称面的构件，它的横截面图形上没有对称轴。这类构件如绑扎不当，起吊时将发生横向倾斜。正确的方法是在捆绑时使两吊索和构件重心同在垂直于构件底面的平面内。对于横向挑檐较短的梁，可用吊索直接捆绑；对于横向挑檐较长的梁，用吊索直接捆绑会使挑檐损坏，应在梁内预埋吊环，用卸扣连接吊索与吊环起吊，如图 5-50 所示。

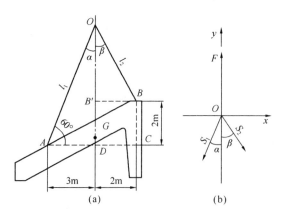

图 5-49　锯齿形天窗架吊索长度计算简图

（a）吊点位置设置图；（b）吊钩吊点受力图

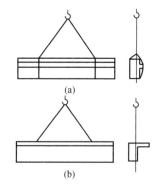

图 5-50　无纵向对称面
构件的吊装

（a）短挑檐；（b）长挑檐

（3）体形复杂构件的吊装

这类构件因体形复杂，计算工作量大，难度较高，即使算出来，需要的吊索规格也很多，可采用倒链调平的办法进行绑扎，如图 5-51 所示。

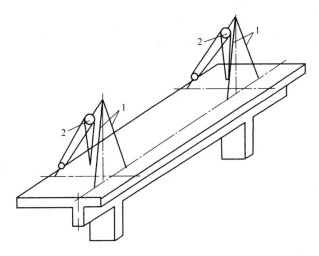

图 5-51 体形复杂构件的吊装

1—吊索；2—倒链

4. 大型装配式墙板的吊装

大型装配式墙板的吊装方法主要有储存吊装法和直接吊装法两种。

（1）储存吊装法

构件从生产场地按型号、数量配套，直接运往施工现场吊装机械工作半径范围内储存，然后进行安装。它的特点是：

1）有充分的时间做好安装前的施工准备工作，可保证墙板安装连续进行。

2）墙板安装和卸车可分日夜班进行，能充分利用机械。

3）占用场地较多，需用较多的插放（或靠放）架。

（2）直接吊装法

直接吊装法又称原车吊装法。它是将墙板由生产场地按墙板安装顺序配套运往施工现场，从运输工具上直接向建筑物上安装。它的特点是：

1）可以减少构件的堆放设施，少占用场地。

2）要有严密的施工组织管理。

3）需要较多的墙板运输车。

5.4.5 机件的吊装

机械设备或机件在安装和维修中都需要吊装。设备或机件的形状是多种多样的，对于不同形状的设备和机件应采取不同的吊装方法，才能保证吊装质量。

1. 弯曲形机件的吊装

在设备、管道等弯曲形状物体的吊装中，有时要求物体作垂直或水平吊装，如图

5-52 所示。

2. 用机具调节平衡的吊装法

有些设备在吊装中要求严格，吊装中要求保持一定的位置，此时可采用机具调节平衡的方法来吊装。

1）用倒链调节平衡的吊装法

设备安装位置要求较高时，可采用倒链调节设备的位置。如图 5-53 所示，用倒链来调整机件的水平位置，以保证机件的正确安装。

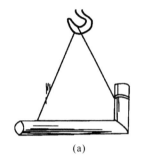
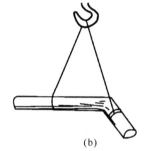
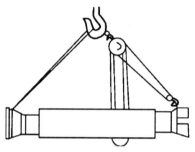

图 5-52　弯曲形机件的吊装

（a）垂直吊装；（b）水平吊装

图 5-53　倒链调整位置的吊装法

2）用滑车调整位置的吊装法

有些重而大的机件对吊装的要求较高，在吊装过程中需要保持一定的位置，才能

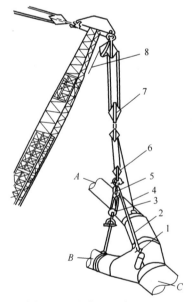

图 5-54　滑车调整位置吊装

1—倒链；2，4—绳索；3，5，6—滑车；7—主滑车；8—滑车跑绳

使机件顺利地装配。除使用倒链来调整机件的位置外，还可采用滑车来调整机件的位置，如图 5-54 所示。主滑车 7 用来吊装机件的整体，滑车 6 用来调整 B、C 的位置，A 点的位置可由主滑车来承担。因绳索 4 是系挂在主滑车上的，当 A 点不动而调整 B、C 两点时，可由滑车 6 来承担，当 C 点不动而调整 B 点的位置时，可由滑车 5 来承担，滑车 5 的跑绳是由倒链驱动的，而倒链是固定在 C 点处的（绳索 2 是系挂在滑车 6 上的）。

3. 大直径、薄壁件的吊装

有些直径较大、壁较薄的构件以及一些用型钢组成的机件，吊装时因应力集中或刚度不够等原因，容易引起变形，因此，在吊装前对机件应采取必要的临时加固措施，以保证在吊装过程中，机件有足够的刚度，不致使机件产生变形。

如图 5-55 所示，为薄壁管道的吊装。薄壁管道在吊装中容易产生变形，故在吊装前需在吊装处的管子内径进行临时加固，以防管径在吊装时产生变形。

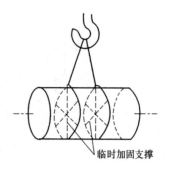

图 5-55　薄壁管道吊装临时加固示意图

5.4.6　网架的吊装

网架吊装一般有分条（块）吊装法、整体吊装法、高空滑移法、整体提升法等四种。

1. 分条（块）吊装法

分条或分块吊装法，就是把网架分割成条状或块状单元，然后分别吊装就位，拼成整体的安装方法。

如图 5-56 所示，为某体育馆双向正交方形网架采用分条吊装的实例。该网架平面尺寸为 45m×45m，重 52t，分割成三条吊装单元，就地错位拼装后，用两台 40t 汽车式起重机抬吊就位。

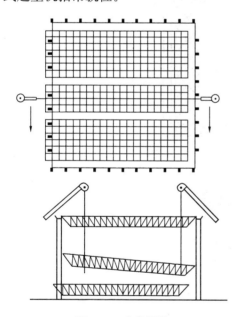

图 5-56　分条吊装

2. 整体吊装法

整体吊装法是指将网架就地错位拼装后，直接用起重机吊装就位的方法。

如图 5-57 所示，为某体育馆八角形三向网架，长 88.67m，宽 76.8m，重 360t，支承在周边 46 根钢筋混凝土柱上。其采用的是 4 根扒杆、32 个吊点整体吊装就位。

3. 高空滑移法

高空滑移法，按滑移方式分逐条滑移法和逐条积累滑移法两种；按摩擦方式，又分为滚动式滑移和滑动式滑移两类。

如图 5-58 所示，为某剧院舞台屋盖 31.51m×23.16m 的正方四角锥网架，是用 2 台履带式起重机，将在地面拼装的条状单元分别吊至特制的小车上，然后用人工撬动逐条滑移至设计位置。就位时，先用千斤顶顶起条状单元，撤出小车，随即下落就位。

4. 整体提升法

整体提升法，是将网架在地面上拼装后，利用提升设备将其整体提升到设计标高安装就位。随着我国升板、滑模施工技术的发展，现已广泛采用升板机和液压千斤顶作为网架整体提升设备，并创造了升梁抬网、升网提模、滑模升网等新工艺，开拓了利用小型设备安装大型网架的新途径。

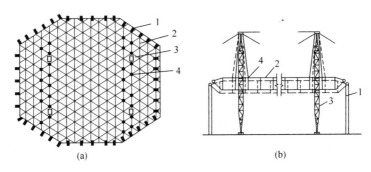

图 5-57 用 4 根扒杆整体吊装

(a) 平面图；(b) 立面图

1—柱；2—网架；3—扒杆；4—吊点

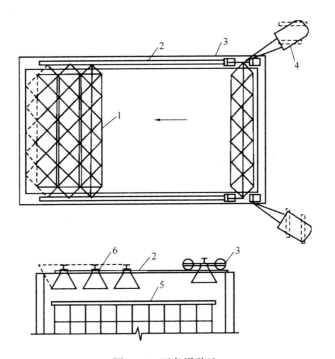

图 5-58 逐条滑移法

1—网架；2—轨道；3—小车；4—履带式起重机；

5—脚手架；6—后装的杆件

例如，某 44m×60.5m 的斜放四角锥网架，重 116t，就是采用升梁抬网的施工方案。该网架支承在 38 根钢筋混凝土柱的框架上，如图 5-59（a）所示。事先将框架梁按结构平面位置分别在地面架空预制，网架支承于梁的中央，每根梁的两端各设置一个提升吊点，梁与梁之间用 10 号槽钢横向拉接，升板机安放在柱顶，通常吊杆与梁端吊点连接，在升梁的同时，梁也抬着网架上升，如图 5-59（b）所示。

综上所述，我国的网架施工技术，在工程实践中创造了极其丰富的经验。但在拟

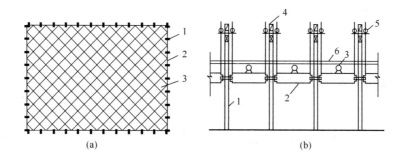

图 5-59 升梁抬网法

（a）网架平面图；（b）升梁抬网工艺

1—柱；2—框架梁；3—网架；4—工具柱；5—升板机；6—屋面板

订网架施工方案时，必须根据网架形式、设备条件、现场情况和工期要求等，全面地进行考虑。

6 起重吊运指挥信号

起重指挥信号包括手势信号、音响信号和旗语信号，此外还包括与起重机司机联系的对讲机等现代电子通信设备的语音联络信号。国家在《起重吊运指挥信号》GB/T 5082—1985 中对起重指挥信号作了统一规定。

6.1 手势信号

手势信号是用手势与驾驶员联系的信号，是起重吊运的指挥语言，包括通用手势信号和专用手势信号。

通用手势信号，指各种类型的起重机在起重吊运中普遍适用的指挥手势。通用手势信号包括预备、要主钩、吊钩上升等 14 种。

专用手势信号，指有特殊的起升、变幅、回转机构的起重机单独使用的指挥手势。专用手势信号包括升臂、降臂、转臂等 14 种。

6.2 旗语信号

一般在高层建筑、大型吊装等指挥距离较远的情况下，为了增大起重机司机对指挥信号的视觉范围，可采用旗帜指挥。旗语信号是吊运指挥信号的另一种表达形式。根据旗语信号的应用范围和工作特点，这部分共有预备、要主钩、要副钩等 23 个图谱。

6.3 音响信号

音响信号是一种辅助信号。在一般情况下音响信号不单独作为吊运指挥信号使用，而只是配合手势信号或旗语信号应用。音响信号由 5 个简单的长短不同的音响组成。一般指挥人员都习惯使用哨笛音响。这 5 个简单的音响可和含义相似的指挥手势或旗语多次配合，以达到指挥目的。使用响亮悦耳的音响是为了人们在不易看清手势或旗语信号时，作为信号弥补，以达到准确无误。

6.4　起重吊运指挥语言

　　起重吊运指挥语言是把手势信号或旗语信号转变成语言，并用无线电、对讲机等通信设备进行指挥的一种指挥方法。指挥语言主要应用在超高层建筑、大型工程或大型多机吊运的指挥和工作联络方面。它主要用于指挥人员对起重机司机发出具体工作命令。

6.5　起重机驾驶员使用的音响信号

　　起重机使用的音响信号有以下三种：

　　（1）一短声表示"明白"的音响信号，是对指挥人员发出指挥信号的回答。在回答"停止"信号时也采用这种音响信号。

　　（2）二短声表示"重复"的音响信号，是用于起重机司机不能正确执行指挥人员发出的指挥信号时，而发出的询问信号，对于这种情况，起重机司机应先停车，再发出询问信号，以保障安全。

　　（3）长声表示"注意"的音响信号，这是一种危急信号，下列情况下起重机司机应发出长声音响信号，以警告有关人员：

　　1）当起重机司机发现他不能完全控制其操纵的设备时。

　　2）当司机预感到起重机在运行过程中会发生事故时。

　　3）当司机知道有与其他设备或障碍物相碰撞的可能时。

　　4）当司机预感到所吊运的负载对地面人员的安全有威胁时。

7 起重吊装指挥常见事故与案例

7.1 起重吊装指挥作业事故

7.1.1 起重吊装指挥作业事故类型

多年来，尽管发生的起重吊装指挥作业事故较多，造成的伤害也不尽相同，但仔细加以归纳总结，起重吊装指挥作业事故大致可分为以下几种类型：

（1）人员责任事故。

（2）设备事故。

（3）管理事故。

7.1.2 起重吊装指挥作业事故主要原因

从事故发生的原因来看，大致有以下几个方面：

1. 作业人员原因

（1）未对吊索进行检查，吊运物件受力过大造成吊索断裂。

（2）吊运时摆动幅度过大，或超负荷吊运造成倾覆。

（3）由于挂钩起吊物件不稳产生摆动，碰到堆物，或撞击地面人员。

（4）指挥不当，触及建筑物及高压线路等造成事故。

（5）绑扎不牢，造成吊物从空中坠落。

（6）思想上麻痹大意，以经验代替操作规程。

（7）违反作业程序、违章作业、违章指挥。

（8）吊点选择错误。

（9）吊物临时支护不牢固。

2. 设备原因

（1）起重设备力矩限制器等安全装置未设置或失效。

（2）设备维修保养不善，带病运转。

（3）使用不合格的吊具、索具。

3. 管理原因

（1）无正确可行的专项施工方案。

（2）未对作业人员进行经常性的安全教育和培训。

（3）分工不明，责任不清，配合不当，管理不到位。

（4）作业人员无证上岗。

（5）未设置专人指挥。

（6）指挥信号不清，联络不通畅。

（7）未设置警示标识，作业范围内有障碍物。

7.1.3　事故预防措施

1. 作业人员培训考核

严格特种作业人员资格管理，起重机司机、起重司索信号工等特种作业人员必须接受专门的安全操作知识培训，经建设主管部门考核合格，取得"建筑施工特种作业操作资格证书"，每年还应参加安全生产教育。

首次取得证书的人员实习操作不得少于三个月，实习操作期间，用人单位应当指定专人指导和监督作业。指导人员应当从取得相应特种作业资格证书并从事相关工作3年以上、无不良记录的熟练工中选择。实习操作期满，经用人单位考核合格，方可独立作业。

2. 选用合格的起重设备和吊具

（1）起重吊装作业采用的各式起重机，具有庞大的结构和比较复杂的机构，作业过程中常常是几个不同方向同时操作，需要在较大的范围内运行，活动空间大，受力情况复杂多变，技术难度大，选择合适规格型号起重设备显得至关重要。选择时要综合考虑其起升高度、幅度和起重量等性能参数，以满足起重作业的要求。作业前对起重机进行综合检查，确保技术状况良好。

（2）吊带、钢丝绳、卸扣、滑轮等起重作业吊具与索具是按国家标准规定生产、检验并具有合格证和维护、保养说明书的产品，应检验合格，建立特种设备安全技术档案；在使用期间，应按照安全技术规范的要求，定期进行维护保养，定期检验。作业前，应对吊具与索具进行检查，必须无烧伤、褪色、打节、断裂等破损；同时，应检查与所吊运物品的种类、环境条件及安全工作负荷等具体要求相适应，否则，将留下事故隐患。

3. 安全技术管理

（1）起重吊装指挥作业前，必须制定安全专项施工方案，并按照规定程序进行审核审批，确保方案的可行性。

（2）技术人员应根据工程实际情况和设备性能状况对起重吊装指挥作业人员进行安全技术交底。

（3）作业时工程监理单位应当旁站监理，确保安全专项施工方案得到有效执行。

（4）起重吊装指挥作业人员及起重机司机应遵守劳动纪律，听从指挥，严格按照操作规程操作，认真履行交接班制度，做好起重设备及索具的日常检查和维护保养工作。

（5）起重吊装指挥作业人员应遵守安全技术规程。

7.2 事故案例分析

7.2.1 钢丝绳断裂事故案例

2016年7月13日，某公司组织人员在使用塔吊进行大型钢模板吊运作业过程中，发生钢丝绳断裂事故，致使钢模板坠落，将1名工人砸伤致死事故。

1. 事故经过

2016年7月11日，塔吊司机李某与班长胡某交班时，李某向班长胡某、安全员付某反映，1号塔吊的钢丝绳有毛刺磨损严重需要更换，付某接到报告后于当天下午将新钢丝绳购买回来，由于工地机修工有一人请假不在无法进行钢丝绳更换，计划7月13日下午更换。

7月13日早上，上班后班长胡某安排塔吊司机李某操作1号塔吊。1号楼的第7层楼墙体、梁柱钢筋混凝土已浇筑完毕，需要进行钢模板拆除。李某操作1号塔吊进行钢模板拆除的吊钢模板作业，工人杨某负责钢模板挂钩及指挥塔吊起吊作业。上午11时左右，杨某指挥塔吊司机李某一次吊两块大钢模板，挂上第二块大钢模板时塔吊司机李某试吊发现吊不动，就把吊钩放下，并朝杨某摆手示意。于是杨某松开一块大钢模板，然后又挂了一块小钢模板。当小钢模板从现场墙上吊起2m左右马上要离开墙体时，塔吊钢丝绳突然断开，大钢模板和小钢模板坠落并卡在墙体和地面中间位置，大钢模板坠落时击中站在第7层楼墙体（墙的高度2.8m）上的杨某头部，并坠落到7层地面上，杨某经抢救无效后死亡。

2. 原因分析

（1）司索人员杨某在钢丝绳存在安全隐患的情况下违章指挥塔吊进行吊装作业。

（2）杨某安全意识不强，吊装过程中站在吊物下方，致使自身处于危险状态。

3. 预防措施

（1）在吊装作业前，应对吊具与索具进行检查，确保安全后方可施工。

（2）在进行起重吊装作业时，严禁在作业区域下方滞留。

7.2.2 汽车起重机倾翻事故案例

2018年10月，某化工物流储运中心仓库建设项目工程使用的一台汽车起重机发生倾覆事故。

1. 事故经过

2018 年 10 月，某化工物流储运中心仓库建设项目工程使用一台汽车起重机进行吊装作业。汽车起重机在丙类液体 2 号仓库施工现场进行第三跨横梁钢结构吊装作业时，在横梁钢结构就位过程中，汽车起重机向东北侧方向倾翻，起重臂压向就位安装施工所用的脚手架并击中脚手架上的一名作业人员，造成该人员受伤及汽车起重机的起重臂和支腿损坏。

2. 原因分析

经勘查分析，事故原因主要有：

（1）根据额定总起重量表，该汽车起重机在起重臂长 32m 时，允许的起重量为 0.4t（此起重量包括吊钩自重）。而吊装的实际总起重量为 2.207t。事故汽车起重机在吊装该横梁钢结构就位时，超载了 451.8%，使得汽车起重机整机失稳并向起重臂作业方向倾覆。

（2）吊装方案中未明确吊装作业时汽车起重机的停放位置及至吊重物摆放位置和就位位置的工作幅度等细节。

（3）未对汽车起重机司机刘某进行交底。

（4）作业时施工现场无指挥及安全管理人员。

3. 预防措施

（1）进行吊装作业时，现场应配备专业的指挥及安全管理人员，吊装前检查起吊重量。

（2）吊装方案应翔实可行，确保汽车起重机在规定的工况范围内使用，合理布置汽车起重机作业位置，避免造成汽车起重机超载。

（3）进行吊装作业前，应做好各相关人员的技术交底工作。

7.2.3 塔机倾倒事故案例

2018 年 12 月，某市发生一起塔吊倾倒事故，造成 1 名塔吊司机死亡。

1. 事故经过

2018 年 12 月，某劳务有限公司钢筋工工长谷某安排信号工崔某、司索工林某、胡某进行钢筋运输和钢筋吊装作业。塔吊司机张某操作位于基坑西南角的 7 号塔吊（塔吊型号为 QTZ160F），配合钢筋吊装作业。劳务工人使用平板车，将钢筋从基坑东北角钢筋加工区运到基坑西南角。10 时 25 分左右，在进行钢筋吊装作业过程中，被吊钢筋尚未离开地面，塔吊司机就操作塔吊大臂进行回转动作，致使塔吊大臂折断，塔身向平衡臂方向（向北）倾倒，塔身从距离基础底部 6.5m 高的位置折断，塔吊司机从 45m 高驾驶室内坠落至基坑底部死亡。

2. 原因分析

经过调查，事故原因主要有：

（1）信号工崔某对塔吊限载重量和被吊钢筋重量不清，违章指挥塔吊吊装超载作业；塔吊司机违反"十不吊"原则斜拉斜拽，在被吊钢筋未离开地面时就进行回转动作，致使塔吊大臂受侧向力。

（2）工人林某、胡某不具备司索工特种作业操作资格就进行司索作业。

（3）吊运钢筋超过额定载荷且力矩限制器失效。

3. 预防措施

（1）杜绝违章作业，信号指挥人员及操作人员应严格执行安全操作规范。

（2）特种作业人员应经过专业培训并取得相应资格证书后方可上岗。

（3）及时排除安全隐患，确保各安全装置灵敏可靠。

7.2.4 塔机相撞事故案例

2015 年 12 月，某体育中心辅助训练场项目工地发生塔机相撞倒塌事故，造成 3 人死亡，6 人受伤。

1. 事故经过

2015 年 12 月 24 日，某体育中心辅助训练场项目工地按工程进度进行防水、钢筋绑扎、木工支模和混凝土浇筑等作业。中午午休后 13 时左右，塔机开始配合地面工人进行吊装作业，此时，工地上作业人员约有 210 人。13 时 20 分左右，1 号塔机司机谢某在信号工魏某的指挥下将一个规格为 1.5m×1.5m×1.5m 装满水的水箱从 6 区吊往 7 区，此时 4 号塔机司机金某在信号工徐某的指挥下从钢筋加工场吊载钢筋顺时针转向 1 号塔机，在回转过程中进入 1 号塔机作业范围，在没得到 4 号塔机指挥人员信号的情况下继续回转，与 1 号塔机发生干涉，在突发外力的作用下，4 号塔机整机向东南方向失稳倾覆，1 号塔机起重臂向下倾斜失稳。4 号塔机司机金波随倒塌的塔机坠落至地面，事故造成 3 人死亡，6 人受伤，其中 4 人重伤，2 人轻伤，造成直接经济损失约 420 万元。

2. 原因分析

（1）多塔交叉作业时，信号指挥人员违章指挥且互相之间未能有效沟通。4 号塔机司机作业时没有观察现场情况就违章操作，致使 4 号塔机与 1 号塔机相撞并失稳倾覆。

（2）塔吊司机及信号工均未取得相应的特种作业资格，缺乏专业技能及安全知识。

（3）两台塔机均超过其额定起重力矩作业且塔机力矩限制器处于失效状态，不能起到防止塔机超载的作用。

（4）4 号塔机基础节主肢存在疲劳性裂纹。

3. 预防措施

（1）操作人员及信号指挥人员严禁违章作业。

（2）相关从业人员须经过专业培训，具备特种作业资格后持证上岗。

（3）制定多塔作业施工方案并严格执行。

（4）加强隐患排查治理，加强日常巡检及班前检查工作，对存在的安全隐患及时整改。

7.2.5 塔机安装事故案例

2012 年，某建筑工地在安装塔机时，发生塔机倒塌，造成人员伤亡的事故。

1. 事故经过

2012 年，某工地塔机开始安装塔身时，汽车吊驾驶员陈某提出下班，理由是吊车油料用完，且天黑无照明灯，但现场施工负责人柳某不同意，派人找来汽油，让大家继续组装塔机。晚 8 时，发现塔机的塔身首尾倒装，无法与塔基对接。在安装人员的建议下，柳某和吊车驾驶员陈某叫来几名工人，用钢丝悬挂重物、人拉钢丝使塔身移动的简易方法扭转塔身。由于无法掌握平衡，塔身突然倒塌，造成 3 人死亡，4 人重伤。

2. 事故分析

经勘查分析，事故的主要原因如下：

（1）管理人员违章指挥。根据《安全生产法》的规定，生产经营单位进行爆破、吊装等危险作业时，应当安排专门人员进行现场安全管理，确保操作规程的遵守和安全措施的落实。本案中，现场管理人员违章指挥，严重违反操作规程，在现场照明不清的情况下，进行起重作业。

（2）从业人员违章操作。汽车吊驾驶员及其他作业人员都存在违章作业问题。本案中的施工作业违反了国家有关特种作业安全管理的规定。起重机械作业属于特种作业，其操作人员属于特种作业人员。特种作业人员必须按照国家有关规定经专门的安全作业培训，取得特种作业操作资格证书，方可上岗作业。本案中，来帮忙的工人未经特种作业专业培训，没有取得相关资格证书。作业人员未按操作程序进行作业。

3. 预防措施

起重作业时，必须在达到环境要求时，方可作业，并应当安排专门人员进行现场安全管理。无证人员不得参与起重作业。作业人员对违章指挥有权拒绝。

7.2.6 违章指挥事故案例

2018 年 5 月 13 日，某学校扩建工程工地发生一起违章指挥造成的起重伤害事故，造成一人死亡。

1. 事故经过

2018 年 5 月 12 日 20 时左右，施工项目带班曾某与张某、黄某以及起重机司机杨某进行吊装作业，作业内容为吊装砂浆到操场 5 楼的脚手架平台。张某在地面指挥起吊工作，曾某在 5 楼指挥杨某将吊物吊放至指定位置，然后由黄某卸钩。施工过程中，黄某找张某要求吊运一部分加气砖到 5 楼平台。黄某把加气砖堆放在铁架上，然后张某指挥杨某开始起吊作业。当加气砖吊到 5 楼指定位置的上方，曾某指挥摆臂收小车放砖时，加气砖尼龙绑带断裂，大量砖块掉落，砸到下方作业的黄某头部，黄某经抢救无效确认死亡。

2. 原因分析

（1）起重机吊臂和起吊重物下有人时，指挥人员违章指挥塔吊司机进行吊装作业，并且未按规范要求使用专用吊具。

（2）塔吊司机在未能确定起吊物是否安全、起重机吊臂和重物下是否有人的情况下，接收指挥信号违章操作塔吊作业。

（3）在起重吊装作业时，未设置警示标识，且其他人员违章站在起重臂和重物下方。

3. 预防措施

（1）指挥人员指挥作业时必须按规范要求进行，特殊物件要采用专用吊具。

（2）交叉作业时，必须制定有效措施，严禁各类人员在起重吊装区域逗留，要确保安全后方可进行起重吊装作业。

（3）操作人员要严格按照各项规范制度要求作业，对违章指挥要坚决拒绝。

7.2.7 指挥信号不清事故案例

2017 年，某工地发生一起吊物失稳，撞击旁边物体，造成倾倒伤人的事故。

1. 事故经过

2017 年，某电厂建设工地，用 100t 塔机吊装炉架的水平支撑。起重队李某带领 4 人将 6 根水平支撑用 6 根 16mm、6×37 钢丝绳分三组平行拴牢后，指挥起吊，准备将 3 组水平支撑跨过锅炉 K6 顶部，将第一组水平支撑在炉架 46m 处就位。塔机司机在未看到指挥信号的情况下，将附近除尘器吊装的落钩哨音，误听为水平支撑的落钩信号，将吊件松钩，使第一组水平支撑横到 69m 处 Z6～Z10 的横梁处。由于吊件偏心失重，水平支撑失去平衡，撞在距横梁下面 2.5m 处的一根已就位的斜撑上，将吊一组水平支撑的钢丝绳撞断，两根水平支撑（一根长 4m，一根长 3.9m，总质量 54kg）从 66m 高处坠落，砸到 46m 处的一根横梁上，然后弹砸在起重工吴某的头部和左肩部，吴某经抢救无效死亡，同时路过的钢架班学徒工叶某被砸成重伤。

2. 事故分析

经勘查分析，这起事故的主要原因是操作人员误听指挥信号而误操作引发的吊重坠落伤人事故。主要原因如下：

（1）塔机司机在起重人员没有到位、没有看到起重指挥人员发出信号的情况下，擅自将吊件落钩，是事故发生的直接原因。

（2）施工现场交叉作业，信号指挥人员违章指挥。起吊指挥信号不规范，只靠哨音，无手势或旗语。

（3）起重机械操作人员没有严格按照操作规程作业，在没有明确信号的情况下，擅自作业。

（4）起重机械作业时，施工人员及无关人员在起重作业危险区域内逗留或通过。

3. 预防措施

（1）起重作业现场必须进行警示，无关人员严禁通过。

（2）指挥信号清楚明晰。交叉作业时，必须制定有效措施。信号不明时，严禁作业。

（3）指挥人员指挥作业时必须按规范要求进行。

附录 《起重吊运指挥信号》GB 5082—1985

引言

为确保起重吊运安全，防止发生事故，适应科学管理的需要，特制订本标准。

本标准对现场指挥人员和起重机司机所使用的基本信号和有关安全技术作了统一规定。

本标准适用于以下类型的起重机械：

桥式起重机（包括冶金起重机）、门式起重机、装卸桥、缆索起重机、塔式起重机、门座起重机、汽车起重机、轮胎起重机、铁路起重机、履带起重机、浮式起重机、桅杆起重机、船用起重机等。

本标准不适用于矿井提升设备、载人电梯设备。

1 名词术语

通用手势信号——指各种类型的起重机在起重吊运中普遍适用的指挥手势。

专用手势信号——指具有特殊的起升、变幅、回转机构的起重机单独使用的指挥手势。

吊钩（包括吊环、电磁吸盘、抓斗等）——指空钩以及负有载荷的吊钩。

起重机"前进"或"后退"——"前进"指起重机向指挥人员开来；"后退"指起重机离开指挥人员。

前、后、左、右在指挥语言中，均以司机所在位置为基准。

音响符号：

"——"表示大于一秒钟的长声符号，

"●"表示小于一秒钟的短声符号。

"○"表示停顿的符号。

2 指挥人员使用的信号

2.1 手势信号

2.1.1 通用手势信号

2.1.1.1 "预备"（注意）

手臂伸直，置于头上方，五指自然伸开，手心朝前保持不动（图1）。

2.1.1.2 "要主钩"

单手自然握拳，置于头上，轻触头顶（图2）。

2.1.1.3 "要副钩"

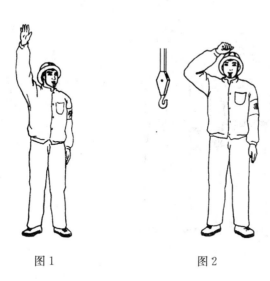

图1　　　　　　　　　　　图2

一只手握拳，小臂向上不动，另一只手伸出，手心轻触前只手的肘关节（图3）。

2.1.1.4 "吊钩上升"

小臂向侧上方伸直，五指自然伸开，高于肩部，以腕部为轴转动（图4）。

2.1.1.5 "吊钩下降"

手臂伸向侧前下方，与身体夹角约为30°，五指自然伸开，以腕部为轴转动（图5）。

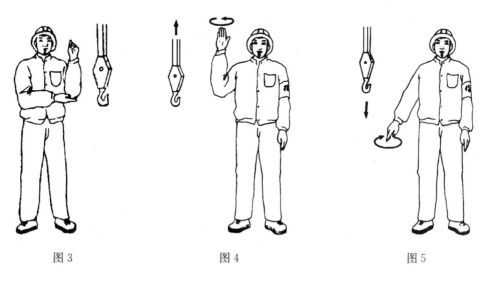

图3　　　　　　　　　图4　　　　　　　　　图5

2.1.1.6 "吊钩水平移动"

小臂向侧上方伸直，五指并拢手心朝外，朝负载应运行的方向，向下挥动到与肩

127

相平的位置（图 6）。

2.1.1.7 "吊钩微微上升"

小臂伸向侧前上方，手心朝上高于肩部，以腕部为轴，重复向上摆动手掌（图 7）。

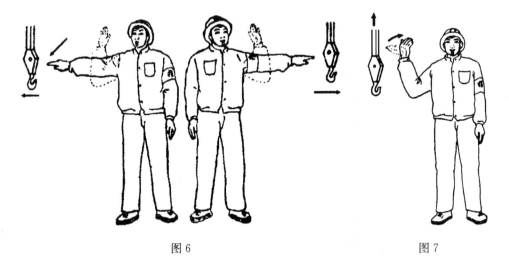

图 6 图 7

2.1.1.8 "吊钩微微下落"

手臂伸向侧前下方，与身体夹角约为 30°，手心朝下，以腕部为轴，重复向下摆动手掌（图 8）。

2.1.1.9 "吊钩水平微微移动"

小臂向侧上方自然伸出，五指并拢手心朝外，朝负载应运行的方向，重复做缓慢的水平运动（图 9）。

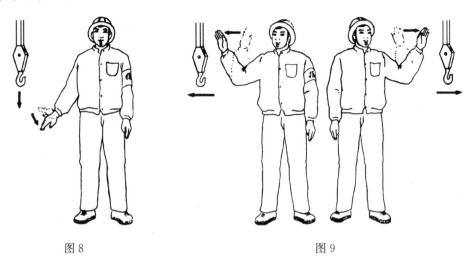

图 8 图 9

2.1.1.10 "微动范围"

双小臂曲起，伸向一侧，五指伸直，手心相对，其间距与负载所要移动的距离接近（图10）。

2. 1. 1. 11　"指示降落方位"

　　五指伸直，指出负载应降落的位置（图11）。

2. 1. 1. 12　"停止"

　　小臂水平置于胸前，五指伸开，手心朝下，水平挥向一侧（图12）。

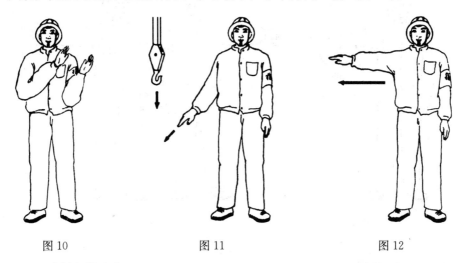

| 图10　　　　　　　　　　图11　　　　　　　　　　图12 |

　　　　　　图10　　　　　　　　　　　　　图11　　　　　　　　　　　　图12

2. 1. 1. 13　"紧急停止"

　　两小臂水平置于胸前，五指伸开，手心朝下，同时水平挥向两侧（图13）。

2. 1. 1. 14　"工作结束"

　　双手五指伸开，在额前交叉（图14）。

2. 1. 2　专用手势信号

2. 1. 2. 1　"升臂"

　　手臂向一侧水平伸直，拇指朝上，余指握拢，小臂向上摆动（图15）。

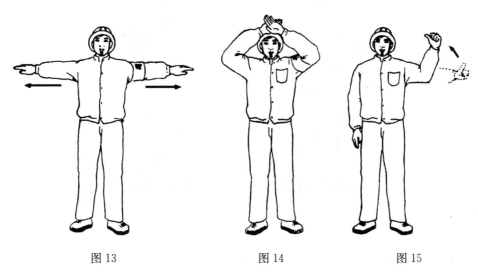

　　　　　　图13　　　　　　　　　　　　　图14　　　　　　　　　　　　图15

2.1.2.2 "降臂"

手臂向一侧水平伸直，拇指朝下，余指握拢，小臂向下摆动（图16）。

2.1.2.3 "转臂" 手臂水平伸直，指向应转臂的方向，拇指伸出，余指握拢，以腕部为轴转动（图17）。

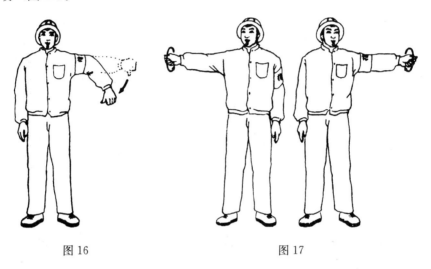

图16   图17

2.1.2.4 "微微伸臂"

一只小臂置于胸前一侧，五指伸直，手心朝下，保持不动。另一手的拇指对着前手手心，余指握拢，做上下移动（图18）。

2.1.2.5 "微微降臂"

一只小臂置于胸前的一侧，五指伸直，手心朝上，保持不动，另一只手的拇指对着前手心，余指握拢，做上下移动（图19）。

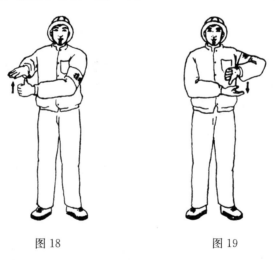

图18   图19

2.1.2.6 "微微转臂"

一只小臂向前平伸，手心自然朝向内侧。另一只手的拇指指向前只手的手心，余指握拢做转动（图20）。

2.1.2.7　"伸臂"

两手分别握拳，拳心朝上，拇指分别指向两则，做相斥运动（图21）。

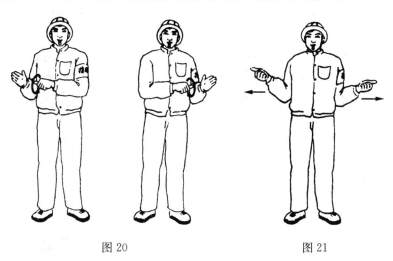

图 20　　　　　　　　　　　　　图 21

2.1.2.8　"缩臂"

两手分别握拳，拳心朝下，拇指对指，做相向运动（图22）。

2.1.2.9　"履带起重机回转"

一只小臂水平前伸，五指自然伸出不动。另一只小臂在胸前作水平重复摆动（图23）。

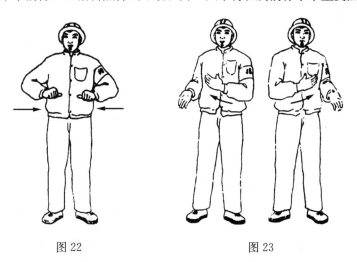

图 22　　　　　　　　　　　　　图 23

2.1.2.10　"起重机前进"

双手臂先后前平伸，然后小臂曲起，五指并拢，手心对着自己，做前后运动（图24）。

2.1.2.11 "起重机后退"

双小臂向上曲起，五指并拢，手心朝向起重机，做前后运动（图25）。

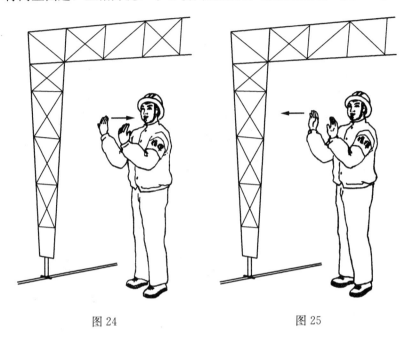

图24   图25

2.1.2.12 "抓取"（吸取）

两小臂分别置于侧前方，手心相对，由两侧向中间摆动（图26）。

2.1.2.13 "释放"

两小臂分别置于侧前方，手心朝外，两臂分别向两侧摆动（图27）。

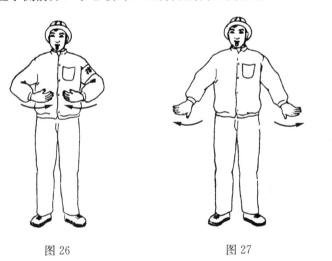

图26   图27

2.1.2.14 "翻转"

一小臂向前曲起，手心朝上，另一小臂向前伸出，手心朝下，双手同时进行翻转

（图 28）。

2.1.3　船用起重机（或双机吊运）专用的手势信号

2.1.3.1　"微速起钩"

　　两小臂水平伸出侧前方，五指伸开，手心朝上，以腕部为轴，向上摆动。当要求双机以不同的速度起升时，指挥起升速度快的一方，手要高于另一只手（图 29）。

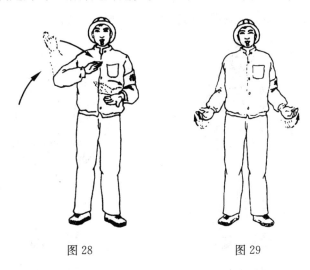

图 28　　　　　　　　　　　　　　图 29

2.1.3.2　"慢速起钩"两小臂水平伸向前侧方，五指伸开，手心朝上，小臂以肘部为轴向上摆动。当要求双机以不同的速度起升时，指挥起升速度快的一方，手要高于另一只手（图 30）。

2.1.3.3　"全速起钩"

　　两臂下垂，五指伸开，手心朝上，全臂向上挥动（图 31）。

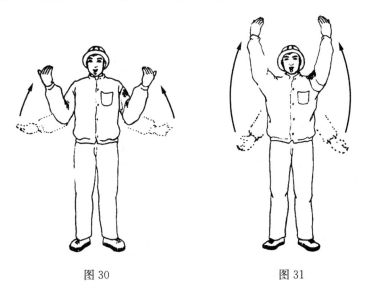

图 30　　　　　　　　　　　　　　图 31

2.1.3.4 "微速落钩"

两小臂水平伸向侧前方，五指伸开，手心朝下，手以腕部为轴向下摆动。当要求双机以不同的速度降落时，指挥降落速度快的一方，手要低于另一只手（图32）。

2.1.3.5 "慢速落钩"

两小臂水平伸向前侧方，五指伸开，手心朝下，小臂以肘部为轴向下摆动。当要求双机以不同的速度降落时，指挥降落速度快的一方，手要低于另一只手（图33）。

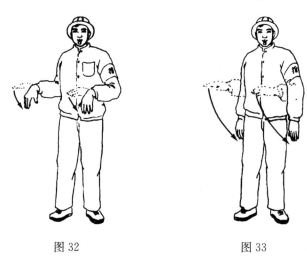

图 32   图 33

2.1.3.6 "全速落钩"

两臂伸向侧上方，五指伸出，手心朝下，全臂向下挥动（图34）。

2.1.3.7 "一方停止，一方起钩"

指挥停止的手臂作"停止"手势；指挥起钩的手臂侧作相应速度的起钩手势（图35）。

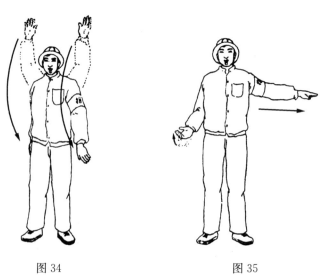

图 34   图 35

2.1.3.8 "一方停止,一方落钩"

指挥停止的手臂作"停止"手势,指挥落钩的手臂则作相应速度的落钩手势(图36)。

2.2 旗语信号

2.2.1 "预备"

单手持红绿旗上举(图37)。

2.2.2 "要主钩"

单手持红绿旗,旗头轻触头顶(图38)。

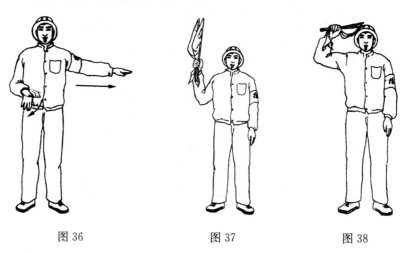

图36   图37   图38

2.2.3 "要副钩"

一只手握拳,小臂向上不动,另一只手拢红绿旗,旗头轻触前只手的肘关节(图39)。

2.2.4 "吊钩上升"

绿旗上举,红旗自然放下(图40)。

2.2.5 "吊钩下降"

绿旗拢起下指,红旗自然放下(图41)。

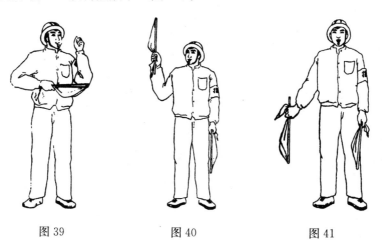

图39   图40   图41

2.2.6 "吊钩微微上升"

绿旗上举，红旗拢起横在绿旗上，互相垂直（图42）。

2.2.7 "吊钩微微下降"

绿旗拢起下指，红旗横在绿旗下，互相垂直（图43）。

2.2.8 "升臂"

红旗上举，绿旗自然放下（图44）

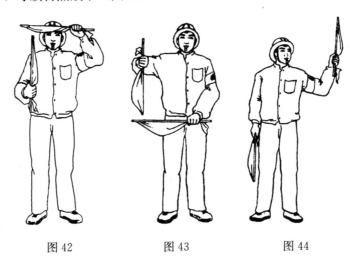

图42   图43   图44

2.2.9 "降臂"

红旗拢起下指，绿旗自然放下（图45）。

2.2.10 "转臂"

红旗拢起，水平指向应转臂的方向（图46）。

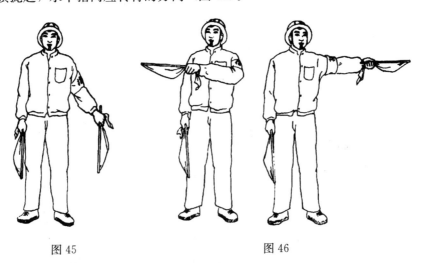

图45   图46

2.2.11 "微微升臂"

红旗上举，绿旗拢起横在红旗上，互相垂直（图47）。

2.2.12 "微微降臂"

红旗拢起下指，绿旗横在红旗下，互相垂直（图48）。

图 47 图 48

2.2.13 "微微转臂"

红旗拢起，横在腹前，指向应转臂的方向；绿旗拢起，竖在红旗前，互相垂直（图49）。

2.2.14 "伸臂"

两旗分别拢起，横在两侧，旗头外指（图50）。

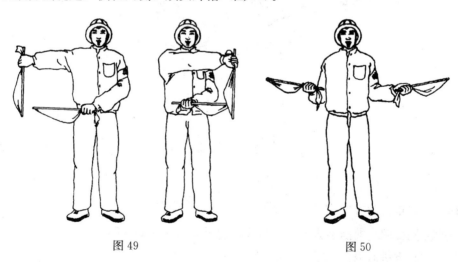

图 49 图 50

2.2.15 "缩臂"

两旗分别拢起，横在胸前，旗头对指（图51）。

2.2.16 "微动范围"

两手分别拢旗，伸向一侧，其间距与负载所要移动的距离接近（图52）。

2.2.17　"指示降落方位"

单手拢绿旗，指向负载应降落的位置，旗头进行转动（图53）。

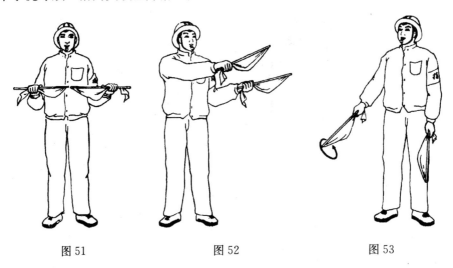

图51　　　　　　　　图52　　　　　　　　图53

2.2.18　"履带起重机回转"

一只手拢旗，水平指向侧前方，另只手持旗，水平重复挥动（图54）。

图54

2.2.19　"起重机前进"

两旗分别拢起，向前上方伸出，旗头由前上方向后摆动（图55）。

2.2.20　"起重机后退"

两旗分别拢起，向前伸出，旗头由前方向下摆动（图56）。

2.2.21　"停止"

单旗左右摆动，另一面旗自然放下（图57）。

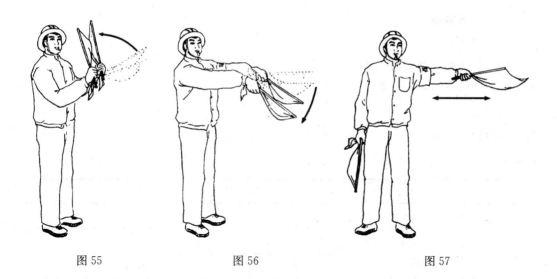

图 55   图 56   图 57

2.2.22 "紧急停止"

双手分别持旗，同时左右摆动（图 58）。

2.2.23 "工作结束"

两旗拢起，在额前交叉（图 59）。

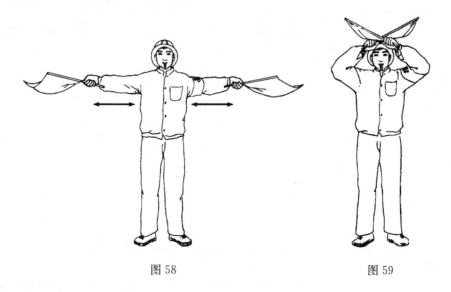

图 58   图 59

2.3 音响信号

2.3.1 "预备""停止"

一长声——

2.3.2 "上升"

二短声●●

2.3.3 "下降"

三短声●●●

2.3.4 "微动"

断续短声●○●○●○●

2.3.5 "紧急停止"

急促的长声＿＿ ＿＿ ＿＿

2.4 起重吊运指挥语言

2.4.1 开始、停止工作的语言

起重机的状态	指挥语言
开始工作	开始
停止和紧急停止	停
工作结束	结束

2.4.2 吊钩移动语言

吊钩的移动	指挥语言
正常上升	上升
微微上升	上升一点
正常下降	下降
微微下降	下降一点
正常向前	向前
微微向前	向前一点
正常向后	向后
微微向后	向后一点
正常向右	向右
微微向右	向右一点
正常向左	向左
微微向左	向左一点

2.4.3 转台回转语言

转台的回转	指挥语言
正常右转	右转
微微右转	右转一点
正常左转	左转
微微左转	左转一点

2.4.4 臂架移动语言

臂架的移动	指挥语言
正常伸长	伸长
微微伸长	伸长一点
正常缩回	缩回
微微缩回	缩回一点
正常升臂	升臂
微微升臂	升一点臂
正常降臂	降臂
微微降臂	降一点臂

3 司机使用的音响信号

3.1 "明白"——服从指挥

一短声●

3.2 "重复"——请求重新发出信号

二短声●●

3.3 "注意"

长声————

4 信号的配合应用

4.1 指挥人员使用音响信号与手势或旗语信号的配合

4.1.1 在发出 2.3.2 "上升"音响时,可分别与"吊钩上升""升臂""伸臂""抓取"手势或旗语相配合。

4.1.2 在发出 2.3.3 "下降"音响时,可分别与"吊钩下降""降臂""缩臂""释放"手势或旗语相配合。

4.1.3 在发出 2.3.4 "微动"音响时,可分别与"吊钩微微上升""吊钩微微下降""吊钩水平微微移动""微微升臂""微微降臂"手势或旗语相配合。

4.1.4 在发出 2.3.5 "紧急停止"音响时,可与"紧急停止"手势或旗语相配合。

4.1.5 在发出 2.3.1 音响信号时,均可与上述未规定的手势或旗语相配合。

4.2 指挥人员与司机之间的配合

4.2.1 指挥人员发出"预备"信号时,要目视司机,司机接到信号在开始工作前,应回答"明白"信号。当指挥人员听到回答信号后,方可进行指挥。

4.2.2 指挥人员在发出"要主钩""要副钩""微动范围"手势或旗语时,要目视司机,同时可发出"预备"音响信号,司机接到信号后,要准确操作。

4.2.3 指挥人员在发出"工作结束"的手势或旗语时,要目视司机,同时可发出"停

141

止"音响信号，司机接到信号后，应回答"明白"信号方可离开岗位。

4.2.4 指挥人员对起重机械要求微微移动时，可根据需要，重复给出信号。司机应按信号要求，缓慢平稳操纵设备。除此之外，如无特殊需求（如船用起重机专用手势信号），其他指挥信号，指挥人员都应一次性给出。司机在接到下一信号前，必须按原指挥信号要求操纵设备。

5 对指挥人员和司机的基本要求

5.1 对使用信号的基本规定

5.1.1 指挥人员使用手势信号均以本人的手心，手指或手臂表示吊钩、臂杆和机械位移的运动方向。

5.1.2 指挥人员使用旗语信号均以指挥旗的旗头表示吊钩、臂杆和机械位移的运动方向。

5.1.3 在同时指挥臂杆和吊钩时，指挥人员必须分别用左手指挥臂杆，右的指挥吊钩。当持旗指挥时，一般左手持红旗指挥臂杆，右手持绿旗指挥吊钩。

5.1.4 当两台或两台以上起重机同时在距离较近的工作区域内工作时，指挥人员使用音响信号的音调应有明显区别，并要配合手势或旗语指挥，严禁单独使用相同音调的音响指挥。

5.1.5 当两台或两台以上起重机同时在距离较近的工作区域内工作时，司机发出的音响应有明显区别。

5.1.6 指挥人员用"起重吊运指挥语言"指挥时，应讲普通话。

5.2 指挥人员的职责及其要求：

5.2.1 指挥人员应根据本标准的信号要求与起重机司机进行联系。

5.2.2 指挥人员发出的指挥信号必须清晰、准确。

5.2.3 指挥人员应站在使司机看清指挥信号的安全位置上。当跟随负载运行指挥时，应随时指挥负载避开人员和障碍物。

5.2.4 指挥人员不能同时看清司机和负载时，必须增设中间指挥人员以便逐级传递信号，当发现错传信号时，应立即发出停止信号。

5.2.5 负载降落前，指挥人员必须确认降落区域安全时，方可发出降落信号。

5.2.6 当多人绑挂同一负载时，起吊前，应先做好呼唤应答，确认绑挂无误后，方可由一人负责指挥。

5.2.7 同时用两台起重机吊运同一负载时，指挥人员应双手分别指挥各台起重机，以确保同步吊运。

5.2.8 在开始起吊负载时，应先用"微动"信号指挥。待负载离开地面 100～200mm 稳妥后，再用正常速度指挥。必要时，在负载降落前，也应使用"微动"信号指挥。

5.2.9 指挥人员应佩带鲜明的标志，如标有"指挥"字样的臂章、特殊颜色的安全帽、工作服等。

5.2.10 指挥人员所戴手套的手心和手背要易于辨别。

5.3 起重机司机的职责及其要求

5.3.1 司机必须听从指挥人员的指挥，当指挥信号不明时，司机应发出"重复"信号询问，明确指挥意图后，方可开车。

5.3.2 司机必须熟练掌握标准规定的通用手势信号和有关的各种指挥信号，并与指挥人员密切配合。

5.3.3 当指挥人员所发信号违反本标准的规定时，司机有权拒绝执行。

5.3.4 司机在开车前必须鸣铃示警，必要时，在吊运中也要鸣铃，通知受负载威胁的地面人员撤离。

5.3.5 在吊运过程中，司机对任何人发出的"紧急停止"信号都应服从。

6 管理方面的有关规定

6.1 对起重机司机和指挥人员，必须由有关部门进行本标准的安全技术培训，经考试合格，取得合格证后方能操作或指挥。

6.2 音响信号是手势信号或旗语的辅助信号，使用单位可根据工作需要确定是否采用。

6.3 指挥旗颜色为红、绿色。应采用不易褪色、不易产生褶皱的材料。其规定：面幅应为 400mm×500mm，旗杆直径应为 25mm，旗杆长度应为 500mm。

6.4 本标准所规定的指挥信号是各类起重机使用的基本信号。如不能满足需要，使用单位可根据具体情况，适当增补，但增补的信号不得与本标准有抵触。

模　拟　练　习

一、判断题

1. 工程上常用的长度基本单位是毫米（mm）、厘米（cm）和米（m）。它们之间的换算关系是：1m＝10cm＝100mm。

【答案】错误

【解析】根据本书1.1.1可知，工程上常用的长度基本单位是毫米、厘米和米，其换算关系应是：1m＝100cm＝1000mm。

2. 物体的形状改变，其重心位置可能不变，所以物体的重心就是几何的中心。

【答案】错误

【解析】物体的重心就是地球引力对物体的作用力的合力的作用点，即物体的重心是物体各部分重量的中心；只有均质物体的重心才是几何形状的中心。

3. 重力的方向总是竖直向上的，大小与质量有关。

【答案】错误

【解析】根据重力计算公式G（重力）＝m（质量）g（重力系数）可知，重力的方向总是竖直向下的，大小与质量有关。

4. 液压传动系统由动力装置、执行装置、控制装置、辅助装置和工作介质等组成。

【答案】正确

【解析】根据本书1.2.3可知，液压传动系统包含动力装置、执行装置、控制装置、辅助装置和工作介质等部分。

5. 液压传动可以在运行过程中实现大范围的无级调速，其传动比可高达1：100，且调速性能不受功率大小的限制。

【答案】错误

【解析】根据本书1.2.4可知，液压传动能在运行中方便地实现无级调速，且调速范围大，最大可达1：2000（一般为1：1000）。

6. 塔式起重机按变幅方式分为快装式塔式起重机和非快装式塔式起重机。

【答案】错误

【解析】根据本书2.2.2可知，塔式起重机按架设方式分为快装式塔式起重机和非快装式塔式起重机，非快装式塔吊是依靠辅助起重设备在现场分部件组装的塔吊。

7. 塔机的起升高度一般为50～60m。

【答案】错误

【解析】根据本书2.2可知，塔机的起升高度一般为40～60m。塔机在施工现场的应用大大减轻了建筑工人的劳动强度，提高了生产效率。

8. 汽车起重机的力矩限制器达到额定荷载1.5倍时，仅能回转、落钩。

【答案】错误

【解析】根据本书2.3.4可知，汽车起重机的力矩限制器达到额定荷载1.3倍时为极限限制荷载，仅能回转、落钩。

9. 动臂式和尚未附着的自升式塔式起重机塔身上必须悬挂标语牌。

【答案】错误

【解析】根据本书4.4.3可知，动臂式和尚未附着的自升式塔式起重机塔身上应严禁悬挂标语牌，避免掉落。

10. 塔式起重机滑轮组倍率大多采用3、4或6。

【答案】错误

【解析】根据本书2.2.3可知，塔式起重机滑轮组倍率大多采用2、4或6。

11. 石棉芯的钢丝绳耐高温、耐重压、硬度大、不易弯曲。

【答案】错误

【解析】根据本书3.1.1可知，钢丝绳绳芯包括纤维芯和金属芯，金属芯的钢丝绳耐高温、耐重压、硬度大、不易弯曲，而不是石棉芯。

12. 钢丝绳展开时的旋转方向应与起升机构卷筒上绕绳的方向一致。

【答案】正确

【解析】根据本书3.1.2可知，钢丝绳展开时的旋转方向应与起升机构卷筒上绕绳的方向一致，不可相反，卷筒上绳槽的走向应同钢丝绳的捻向相适应。

13. 吊钩按制造方法可分为铸造吊钩和片式吊钩。

【答案】错误

【解析】根据本书3.3.1可知，吊钩按制造方法可分为锻造吊钩和片式吊钩，锻造吊钩又可分为单钩和双钩。

14. 钢丝绳具有强度高、自重轻、弹性大的特点。

【答案】正确

【解析】根据本书3.1可知，钢丝绳具有强度高、自重轻、弹性大等特点，能承受振动荷载、卷绕成盘、在高速下平稳运动且噪声小，被广泛用于捆绑物体以及起重机的起升、牵引、缆风等。

15. 吊钩挂绳处截面磨损量超过原高度的5%，就应报废。

【答案】错误

【解析】根据本书3.3.3可知，吊钩禁止补焊，有下列情况之一的，应予以报废：（1）用20倍放大镜观察表面有裂纹；（2）钩尾和螺纹部分等危险截面及钩筋有永久性变形；（3）挂绳处截面磨损量超过原高度的 10%；（4）心轴磨损量超过其直径的 5%；（5）开口度比原尺寸增加 10%。

16. 滑轮底槽的磨损量超过相应钢丝绳直径的 20%，就应报废。

【答案】错误

【解析】根据本书 3.5.4 可知，滑轮出现下列情况之一的，应予以报废：（1）裂纹或轮缘破损；（2）滑轮绳槽壁厚磨损量达原壁厚的 20%；（3）滑轮底槽的磨损量超过相应钢丝绳直径的 25%。

17. 起重量是吊钩能吊起的重量，但不包括吊索、吊具及容器的重量。

【答案】错误

【解析】根据本书 2.1.2 可知，通常情况下所讲的起重量，是指额定起重量，包括吊索、吊具及容器的重量。

18. 起重吊装作业在重新作业前，应先试吊，确认各种安全装置灵敏可靠后方可进行作业。

【答案】正确

【解析】根据本书 4.4.3 可知，在风速达到 10.8m/s（六级）及以上大风或大雨、大雪、大雾等恶劣天气时，应停止露天的起重吊装作业。重新作业前，应先试吊，确认各种安全装置灵敏可靠后方可进行作业。

19. 起重机的幅度、力矩、起重量限制器以及各种行程限位开关等安全装置，应完好齐全，灵敏可靠，需要时可调整或拆除。

【答案】错误

【解析】根据本书 4.4.3 可知，起重机的各类安全装置不得随意调整和拆除。

20. 实际操作中可以利用限制器和限位装置代替操纵机构。

【答案】错误

【解析】根据本书 4.4.3 可知，不得利用限制器和限位装置代替操纵机构。

21. 起重机可以吊运人员。

【答案】错误

【解析】根据起重机安全作业规程可知，严禁用起重机吊运人员。

22. 可以使用起重机进行斜拉、斜吊和起吊地下埋设或凝固在地面上的重物以及其他不明重量的物体。

【答案】错误

【解析】根据本书 4.4.3 可知，应严禁使用起重机进行斜拉、斜吊和起吊地下埋设或凝固在地面上的重物以及其他不明重量的物体。

23. 现场浇筑的混凝土构件或模板，必须全部松动脱离后方可起吊。

【答案】正确

【解析】根据本书 4.4.3 可知，现场浇筑的混凝土构件或模板，必须全部松动脱离后方可起吊。起吊构件，吊挂时平稳，用卡环不得用挂钩。

24. 起吊重物应绑扎平稳、牢固，根据需要可在重物上再堆放或悬挂零星物件。

【答案】错误

【解析】根据起重作业安全规程可知，起吊重物应绑扎平稳、牢固，不得在重物上再堆放或悬挂零星物件。

25. 起重用吊钩和卸扣严禁补焊，班前必须检查，达到报废标准应立即报废。

【答案】正确

【解析】根据本书 3.3.3 可知，吊钩禁止补焊，有下列情况之一的，应予以报废：（1）用 20 倍放大镜观察表面有裂纹；（2）钩尾和螺纹部分等危险截面及钩筋有永久性变形；（3）挂绳处截面磨损量超过原高度的 10%；（4）心轴磨损量超过其直径的 5%；（5）开口度比原尺寸增加 10%。

26. 履带式起重机作业时，起重臂的最大仰角不得超过出厂规定。当无资料可查时，不得超过 90°

【答案】错误

【解析】根据本书 2.4.4 可知，履带式起重机起重臂的最大仰角，当无资料可查时，不得超过 78°。

27. 当履带式起重机带载行走时，起重量不得超过相应工况额定起重量的 70%。

【答案】正确

【解析】根据履带式起重机安全使用规定可知，起重量不得超过相应工况额定起重量的 70%，故以上说法正确。

28. 起重机作业前司索人员应进行吊具安全检查。

【答案】正确

【解析】根据本书 5.4.1 可知，起重作业前司索人员应进行吊具和索具进行安全作业的检查。每次吊装都要对吊具进行认真检查，如果是旧吊索，应根据情况降级使用，绝不可侥幸超载或使用已报废的吊具。

29. 吊点的选择必须保证吊索受力均匀，各承载吊索间的夹角一般不应大于 70°，其合力的作用点必须与被吊物体的重心在同一条垂线上，保证吊运过程中吊钩与吊物的重心在同一条垂线上。

【答案】错误

【解析】根据本书 5.1.1 可知，各承载吊索间的夹角一般不应大于 60°。

30. 无论采用何种指挥信号，必须规范，准确，明了。

【答案】正确

【解析】根据本书 5.4.1 可知，吊运过程的指挥：（1）无论采用何种指挥信号，必须规范、准确、明了；（2）指挥者所处位置应能全面观察作业现场，并使司机、司索工都可以清楚看到；（3）在整个作业过程中，尤其在吊物悬挂空中时，作业人员都不得擅离职守，应密切注意观察吊物及周围情况，发现问题及时发出指挥信号。

31. 吊点的选择必须根据被吊物体运动的最终状态时重心的位置来确定。

【答案】正确

【解析】根据本书5.1.1可知，吊点的选择必须根据被吊物体运动的最终状态时重心的位置来确定。

32. 同时采用两台起重机吊运，同一负载时，指挥人员应单手统一指挥各台起重机，以确保同步吊运。

【答案】错误

【解析】根据本书5.4.1可知，多人吊挂同一吊物时，应设专人负责指挥，物件吊挂完备，所有人员都应当离开并到达安全位置后，才可发出起钩信号。

33. 遇水能起反应的危险品（如电石等）可以雨天装卸。

【答案】错误

【解析】根据本书5.3可知，遇水能起反应的危险品（如电石等）不可以雨天装卸。

34. 起重吊装专项施工方案的编写一般包括准备、设计、审批三个阶段。

【答案】错误

【解析】根据本书4.3.2可知，起重吊装专项施工方案的编写一般包括准备、编写和审批三个阶段：（1）准备阶段：由施工单位专业技术人员收集与起重作业有关的资料，确定施工方法和工艺，必要时还应召开专题会议对施工方法和工艺进行讨论；（2）编写阶段：专项施工方案由施工单位组织专人或小组，根据确定的施工方法和工艺编制，编制人员应具有本专业中级以上技术职称；（3）审核批准阶段：专项施工方案应由施工单位技术负责人组织施工技术、设备、安全、质量等部门的专业技术人员进行审核。必要情况下，应组织专家论证。审核合格，由施工单位技术负责人审批。危大工程实行分包并由分包单位编制专项施工方案的，专项施工方案应当由总承包单位技术负责人及分包单位技术负责人共同审核签字并加盖单位公章。

35. 吊点的多少必须根据被吊物体的重量、刚度和稳定性及吊索的允许拉力来确定。

【答案】错误

【解析】根据本书5.1.1可知，吊点的多少必须根据被吊物体的强度、刚度和稳定性及吊索的允许拉力来确定。

36. 对于原设计有起吊耳环、起吊孔的物体，吊点不应使用原设计的耳环、吊孔。

【答案】错误

【解析】根据本书5.1.1可知，对于原设计有起吊耳环、起吊孔的物体，吊点应使用原设计的耳环、吊孔。

37. 通用手势信号包括预备、要主钩、吊钩上升等12种。

【答案】错误。

【解析】根据本书第六章可知，通用手势信号包括预备、要主钩、吊钩上升等14种。

38. 音响信号由4个简单的长短不同的音响组成。

【答案】错误

【解析】根据本书第6章可知，音响信号由5个简单的长短不同的音响组成。这5个简单的音响可和含义相似的指挥手势或旗语多次配合，以达到指挥目的。

39. 起重吊运指挥语言是手势信号或旗语信号转变成语言，并用无线电、对讲机等通信设备进行指挥的一种指挥方法。

【答案】正确

【解析】根据本书第6章可知，起重吊运指挥语言是起重司索信号工应掌握的一种指挥方法。

二、单选题

1. 当重力与支反力大小相等，方向相反，作用线相同，通过物体支承的中点时，是物体的（ ）运动状态。

A. 稳定平衡状态   B. 稳定状态   C. 不稳定状态   D. 倾覆状态

【答案】B

【解析】当重力与支反力大小相等，方向相反，作用线相同，通过物体支承的中点时，是物体的稳定运动状态。

2. 将一块砖以立、侧、平三种方式置于地面上，（ ）放置方式砖最稳。

A. 立   B. 侧   C. 平   D. 不确定

【答案】C

【解析】平放砖的位置最稳，因为砖平放时重心位置最低而支承面最大。

3. 物体处于稳定的基本条件是：重心位置（ ），支承面（ ）。

A. 低；小   B. 低；大   C. 高；小   D. 高；大

【答案】B

【解析】物体的重心越低，支撑面越大，稳定性越好。

4. 吊运物体时，为保证吊运过程中物体的稳定性，防止提升过程中发生倾斜、摆动或翻转，应使用吊钩与被吊物重心处在同一条（ ）上。

A. 水平线   B. 平行线   C. 对角线   D. 垂线

【答案】D

【解析】吊钩与被吊物重心处在同一条垂线上，可保证物体处于稳定运动状态。

5. 把液压能转换成机械能的装置，以驱动工作部件运动，是液压传动系统的（　　）装置。

A. 动力　　　　　B. 执行　　　　　C. 控制　　　　　D. 辅助

【答案】B

【解析】根据本书1.2.3可知，把液压能转换成机械能的装置，以驱动工作部件运动，是液压传动系统的执行装置。

6. 液压传动系统中（　　）装置最常见的形式是液压泵，给液压系统提供压力。

A. 动力　　　　　B. 执行　　　　　C. 控制　　　　　D. 辅助

【答案】A

【解析】由本书1.2.3可知，液压传动系统中动力装置是供给液压系统压力，并将电动机输出的机械能转换为油液的压力能，从而推动整个液压系统工作的，最常见的形式是液压泵，给液压系统提供压力。

7. 液压传动能方便地将原动机的旋转运动变为（　　）运动。

A. 直线　　　　　B. 曲线　　　　　C. 螺旋　　　　　D. 上升

【答案】A

【解析】根据本书1.2.4可知，液压传动能方便地将原动机的旋转运动变为直线运动。

8. 液压传动在传动过程中，由于能量需要经过两次转换，存在压力损失、容积损失和机械摩擦损失，因此总效率通常仅为（　　）。

A. 0.65～0.7　　B. 0.7～0.75　　C. 0.75～0.8　　D. 0.8～0.85

【答案】C

【解析】根据本书1.2.4可知，液压传动在传动过程中，因为能量损失，因此总效率通常仅为0.75～0.8。

9. 轻小型起重设备包括（　　）

A. 升船机　　　　B. 卷扬机　　　　C. 启闭机　　　　D. 举升机

【答案】B

【解析】根据本书2.1.1可知，A、C、D为升降机的种类。

10. 起重力矩惯用计量单位为t·m（吨·米），标准计量单位为kN·m。其换算关系1t·m=（　　）kN·m。

A. 1　　　　　　B. 10　　　　　　C. 100　　　　　D. 1000

【答案】B

【解析】根据本书2.1.2可知，起重力矩与标准计量间的换算关系为1t·m=10kN·m。

11. 在稳定运动状态下，额定载荷的垂直位移速度为（　　）速度。

A. 起升　　　　　B. 起重机运行　　　C. 变幅　　　　　D. 回转

【答案】A

【解析】根据本书2.1.2可知，起升（下降）速度，是指稳定运动状态下，额定载荷的垂直位移速度（m/min）。

12. 塔机的回转半径最大可达(　　)m。

A. 1　　　　　　　B. 10　　　　　　　C. 100　　　　　　D. 1000

【答案】C

【解析】根据本书2.2可知，塔机的回转半径一般在30～60m，目前最大可达100m。

13. 动臂变幅塔式起重机其最小幅度被限制在最大幅度的(　　)%左右。

A. 10　　　　　　B. 20　　　　　　　C. 30　　　　　　　D. 40

【答案】C

【解析】根据本书2.2.2可知，动臂变幅塔式起重机能充分发挥起重臂的有效高度，但起重臂的最小幅度被限制在最大幅度的30%左右，不能完全靠近塔身。

14. 塔式起重机由金属结构、(　　)、电气系统和安全装置等组成。

A. 起升机构　　　B. 行走机构　　　　C. 变幅机构　　　D. 工作机构

【答案】D

【解析】根据本书2.2.3可知，A、B、C属于工作机构的一部分。

15. 塔式起重机起升机构滑轮组采用大倍率时，可获得较大的起重量，同时(　　)起升速度。

A. 增加　　　　　B. 降低　　　　　　C. 稳定　　　　　D. 不确定

【答案】A

【解析】根据本书2.2.3可知，塔式起重机滑轮组倍率大多采用2、4或6。当使用大倍率时，可获得较大的起重量，但降低了起升速度；当使用小倍率时，可获得较快的起升速度，但降低了起重量。

16. 塔式起重机的起重臂较长，迎风面较大，风载产生的扭矩(　　)。

A. 小　　　　　　B. 大　　　　　　　C. 不变　　　　　D. 不确定

【答案】B

【解析】根据本书2.2.3可知，塔式起重机的起重臂较长，迎风面较大，风载产生的扭矩大。因此，塔式起重机的回转机构一般均采用常开式制动器，即在非工作状态下，制动器松闸，使起重臂可以随风向自由转动，臂端始终指向顺风的方向。

17. 用以防止塔式起重机因超载而导致的整机倾翻事故的安全装置是(　　)。

A. 起升高度限位器　　　　　　　　B. 运行限位器

C. 起重力矩限位器　　　　　　　　D. 起重量限位器

【答案】C

【解析】根据本书2.2.3可知，起重力矩限位器是用以防止塔式起重机因超载而导致的整机倾翻事故的安全装置。

18. 汽车起重机的起重量范围一般为8t至( )t。

A. 10   B. 100   C. 1000   D. 10000

【答案】C

【解析】根据本书2.3.1可知，汽车起重机的起重量范围很大，一般为8t至1000t。

19. 用火车或平板拖车运输履带起重机时，所用脚手板的坡度不得( )。

A. 小于10°   B. 大于10°   C. 小于15°   D. 大于15°

【答案】D

【解析】用火车或平板拖车运输起重机时，所用脚手板的坡度不得大于15°，因此，运输履带式起重机时也应遵守该规定。

20. 履带起重机在作业时，工作坡度不得大于( )。

A. 5%   B. 6%   C. 7%   D. 8%

【答案】A

【解析】根据本书2.4.4可知，履带起重机应在平坦坚实的地面上作业、行走和停放。在作业时，工作坡度不得大于5%，并应与沟渠、基坑保持安全距离。

21. 做吊索用的钢丝绳安全系数应为( )。

A. 3~4   B. 4~5   C. 6~7   D. 8~9

【答案】C

【解析】根据本书3.1.2可知，做吊索用的钢丝绳安全系数应为6~7。

22. 切断钢丝绳前，应在切割标记的两侧将钢丝绳捆扎牢固，对于多股钢丝绳每个捆扎的长度至少应等于钢丝绳直径的( )倍。

A. 2   B. 3   C. 4   D. 5

【答案】A

【解析】根据本书3.1.2可知，切断钢丝绳前，应在切割标记的两侧将钢丝绳捆扎牢固，对于多股钢丝绳每个捆扎的长度至少应等于钢丝绳直径的2倍。

23. 钢丝绳做编结连接时，编结长度不应小于钢丝绳直径的15倍，且不应小于( )mm。

A. 100   B. 200   C. 300   D. 400

【答案】C

【解析】根据本书3.1.2可知，钢丝绳做编结连接时，编结长度不应小于钢丝绳直径的15倍，且不应小于300mm，连接强度不小于钢丝绳破断拉力的75%。

24. 当钢丝绳直径为13时，固定钢丝绳的绳夹应为( )个。

A. 2　　　　　　　B. 3　　　　　　　C. 4　　　　　　　D. 5

【答案】B

【解析】根据 3.2.2 可知，当钢丝绳直径为 13 时，固定钢丝绳的绳夹应为 3 个。

绳夹规格（钢丝绳直径）(mm)	≤18	18~26	26~36	36~44	44~60
绳夹最少数量（组）	3	4	5	6	7

25. 固定钢丝绳的夹间的距离应等于钢丝绳直径的(　　)倍。

A. 3~4　　　　　　B. 4~5　　　　　　C. 5~6　　　　　　D. 6~7

【答案】D

【解析】根据 3.2.6 可知，固定钢丝绳的夹间的距离应等于钢丝绳直径的 6~7 倍。

26. 钢丝绳绕入卷筒的方向应与卷筒轴线垂直，其垂直度允许偏差为(　　)度。

A. 5　　　　　　　B. 6　　　　　　　C. 10　　　　　　　D. 15

【答案】B

【解析】根据本书 3.9.3 可知，钢丝绳绕入卷筒的方向应与卷筒轴线垂直，其垂直度允许偏差为 6 度。

27. 钢丝绳长度应满足起重机的使用要求，并且在卷筒上的终端位置应至少保留(　　)圈钢丝绳。

A. 2　　　　　　　B. 3　　　　　　　C. 4　　　　　　　D. 5

【答案】B

【解析】根据本书 3.9.4 可知，钢丝绳长度应满足起重机的使用要求，并且在卷筒上的终端位置应至少保留 3 圈钢丝绳，钢丝绳的末端应固定牢靠；卷筒边缘外周至最外层钢丝绳的距离应不小于钢丝绳直径的 2 倍。

28. 当钢丝绳采用楔块、楔套连接时，连接强度不小于钢丝绳破断拉力的(　　)%。

A. 50　　　　　　B. 75　　　　　　C. 90　　　　　　D. 100

【答案】B

【解析】根据本书 3.1.2 可知，当钢丝绳采用楔块、楔套连接时，连接强度不小于钢丝绳破断拉力的 75%。

29. 吊钩的检测应采用(　　)倍放大镜。

A. 10　　　　　　B. 20　　　　　　C. 30　　　　　　D. 40

【答案】B

【解析】根据本书 3.3.3 可知，吊钩的检测应采用 20 倍放大镜。

30. 吊钩开口度比原尺寸增加(　　)%，就应报废。

A. 5　　　　　　　B. 10　　　　　　C. 15　　　　　　D. 20

【答案】B

【解析】根据本书 3.3.3 可知，吊钩禁止补焊，有下列情况之一的，应予以报废：(1) 用 20 倍放大镜观察表面有裂纹；(2) 钩尾和螺纹部分等危险截面及钩筋有永久性变形；(3) 挂绳处截面磨损量超过原高度的 10%；(4) 心轴磨损量超过其直径的 5%；(5) 开口度比原尺寸增加 10%。

31. 卸扣磨损达原尺寸的(   )%，就应报废。

A. 5　　　　　　　B. 10　　　　　　　C. 15　　　　　　　D. 20

【答案】B

【解析】根据本书 3.4.3 可知，卸扣出现下列情况之一时，应予以报废：(1) 裂纹；(2) 磨损达原尺寸的 10%；(3) 本体变形达原尺寸的 10%；(4) 横销变形达原尺寸的 5%；(5) 螺栓坏丝或滑丝；(6) 卸扣不能闭锁。

32. 滑轮绳槽壁厚磨损量达原壁厚的(   )%，就应报废。

A. 5　　　　　　　B. 10　　　　　　　C. 15　　　　　　　D. 20

【答案】D

【解析】根据本书 3.5.4 可知，滑轮出现下列情况之一的，应予以报废：(1) 裂纹或轮缘破损；(2) 滑轮绳槽壁厚磨损量达原壁厚的 20%；(3) 滑轮底槽的磨损量超过相应钢丝绳直径的 25%。

33. 在风速达到(   )及以上大风时，禁止起重机械及垂直运输机械的安装拆卸作业，禁止吊运大模板等大体积物件。

A. 10.8m/s　　　　B. 9.0m/s　　　　C. 8.7m/s　　　　D. 8.5m/s

【答案】B

【解析】根据本书 4.4.3 可知，起重作业在风速达到 9.0m/s 及以上大风时，应禁止起重机械及垂直运输机械的安装拆卸作业，禁止吊运大模板等大体积物件。

34. 起吊荷载达到起重机额定起重量的 90% 及以上时，应先将重物吊离地面不大于(   )mm 后，检查起重机的稳定性。

A. 100　　　　　　B. 150　　　　　　C. 200　　　　　　D. 250

【答案】C

【解析】根据本书 4.4.3 可知，起吊荷载达到起重机额定起重量的 90% 及以上时，应先将重物吊离地面不大于 200mm 后，检查起重机的稳定性。

35. 钢丝绳与卷筒应连接牢固，放出钢丝绳时，卷筒上应至少保留(   )圈。

A. 五　　　　　　　B. 四　　　　　　　C. 三　　　　　　　D. 二

【答案】C

【解析】根据本书 4.4.3 可知，钢丝绳与卷筒应连接牢固，放出钢丝绳时，卷筒上应至少保留三圈，收放钢丝绳时应防止钢丝绳打环、扭结、弯折和乱绳，不得使用扭结、变形的钢丝绳。

36. 履带式起重机采用双机抬吊作业时，起吊重量不得超过两台起重机在该工况下允许起重量总和的( )。

A. 85%   B. 80%   C. 75%   D. 70%

【答案】C

【解析】根据本书4.4.3可知，履带式起重机在采用双机抬吊作业时，应统一指挥，动作配合协调，载荷应分配合理，起吊重量不得超过两台起重机在该工况下允许起重量总和的75%，单机的起吊载荷不得超过允许载荷的80%。在吊装过程中，两台起重机的吊钩滑轮组应保持垂直状态。

37. 在转动的卷筒上缠绕钢丝绳时，不得用手拉或脚踩来引导钢丝绳。钢丝绳涂抹润滑脂，必须在( )进行。

A. 低速运转时   B. 中速运转时   C. 高速运转时   D. 停止运转后

【答案】D

【解析】根据本书4.4.3可知，钢丝绳涂抹润滑脂，必须在停止运转后进行，以免造成危险。

38. 下列说法正确的是( )。

A. 司机必须服从指挥人员的违章指挥

B. 熟练的塔机司机可以越挡操作

C. 在吊运过程中，司机对任何人发出的"紧急停止"信号都应服从

D. 塔机开始作业时，司机应首先发出音响信号，以提醒指挥人员注意

【答案】C

【解析】在吊运过程中，司机对任何人发出的"紧急停止"信号都应服从。选项D塔机开始作业时，司机应首先发出音响信号，以提醒现场作业人员注意。

39. 当轮胎式起重机带载行走时，道路必须平坦坚实，载荷必须符合出厂规定，重物离地面不得超过( )mm

A. 200   B. 300   C. 400   D. 500

【答案】D

【解析】根据本书4.4.3汽车轮胎式起重机安全作业规程可知，当轮胎式起重机带载行走时，道路必须平坦坚实，载荷必须符合出厂规定，重物离地面不得超过500mm。

40. 钢丝绳采用编结固接时，编结部分的长度不得小于钢丝绳直径的( )倍。

A. 15   B. 20   C. 25   D. 30

【答案】A

【解析】根据本书3.1.2可知，编结长度不应小于钢丝绳直径的15倍，且不应小于300mm；连接强度不小于钢丝绳破断拉力的75%。

41. 钢丝绳采用编结固接时，编结部分的长度不应小于( )mm，其编结部分应

捆扎细钢丝。

  A. 200   B. 250   C. 300   D. 350

【答案】C

【解析】根据本书3.1.2可知，编结长度不应小于钢丝绳直径的15倍，且不应小于300mm；连接强度不小于钢丝绳破断拉力的75%。

42. 当履带式起重机带载行走时，起重量不得超过相应工况额定起重量的(　　)。

  A. 60%   B. 70%   C. 80%   D. 90%

【答案】B

【解析】根据本书4.4.3可知，当履带式起重机带载行走时，起重量不得超过相应工况额定起重量的70%。

43. 履带式起重机在起吊载荷达到额定起重量的(　　)时，升降动作应慢速进行，严禁同时进行两种及以上动作，严禁下降起重臂。

  A. 60%及以上 B. 70%及以上 C. 80%及以上 D. 90%及以上

【答案】D

【解析】根据本书4.4.3可知，履带式起重机在起吊载荷达到额定起重量的90%及以上时，升降动作应慢速进行，严禁同时进行两种及以上动作，严禁下降起重臂。

44. 起重吊装方法按被吊装物件就位形态分为分散吊装、整体吊装和(　　)。

  A. 正装   B. 综合吊装   C. 倒装   D. 滑移法

【答案】B

【解析】根据本书4.3.2可知，起重吊装方法按被吊装物件就位形态分为分散吊装、整体吊装和综合吊装。

45. 对物体的重量和重心进行目测估算，应增大(　　)来选择吊索（吊具）。

  A. 30%   B. 20%   C.15%   D.25%

【答案】B

【解析】根据本书5.4.1可知，对吊物的重量和重心估计要准确，如果是目测估算，应增大20%来选择吊具及吊索。

46. 采用多台起重机吊装物体时，起重机所承受的荷载均不得超过各自额定起重力矩的(　　)。

  A. 90%   B. 80%   C. 75%   D. 85%

【答案】B

【解析】根据本书5.4.1可知，采用多台起重机吊装物体时，起重机所承受的荷载均不得超过各自额定起重力矩的80%。

47. 匀质细长杆件起吊采用两个吊点，则两个吊点应分别距物体两端(　　)处（L为物体长度）。

A. 0.2L B. 0.21L C. 0.22L D. 0.23L

【答案】B

【解析】根据本书5.1.2可知，匀质细长杆件起吊采用两个吊点，则两个吊点应分别距物体两端0.21L处（L为物体长度）。

48. 匀质细长杆件起吊采用三个吊点，则两个吊点应分别距物体两端（　　）处（L为物体长度）。

A. 0.12L B. 0.13L C. 0.14L D. 0.11L

【答案】B

【解析】根据本书5.1.2可知，匀质细长杆件起吊采用三个吊点，则两个吊点应分别距物体两端0.13L处（L为物体长度）。

49. 匀质细长杆件起吊采用四个吊点，则两个吊点应分别距物体两端（　　）处（L为物体长度）。

A. 0.090L B. 0.095L C. 0.1L D. 0.15L

【答案】B

【解析】根据本书5.1.2可知，匀质细长杆件起吊采用四个吊点，则两个吊点应分别距物体两端0.095L处（L为物体长度）。

50. 采用自升式塔式起重机吊装方案，多层框架结构可采用（　　）方法进行吊装。

A. 分件安装法   B. 综合安装法

C. 分部安装法   D. 分件安装法和综合安装法

【答案】D

【解析】根据本书5.4.3可知，采用自升式塔式起重机吊装方案，多层框架结构可采用分件安装法和综合安装法进行吊装。

51. 集体搬运物体时，每个人的负荷一般不得超过（　　）kg。

A. 60   B. 70   C. 80   D. 90

【答案】B

【解析】根据本书5.3可知，集体搬运物体时，每个人的负荷一般不得超过70kg。搬运时动作要互相协调，稳步行进。

52. 吊点的选择必须保证吊索受力均匀，各承载吊索间的夹角一般不应大于（　　）。

A. 80°   B. 75°   C. 60°   D. 55°

【答案】C

【解析】根据本书5.1.1可知，吊点的选择必须保证吊索受力均匀，各承载吊索间的夹角一般不应大于60°。其合力的作用点必须与被吊物体的重心在同一条垂线上，保证吊运过程中吊钩与吊物的重心在同一条垂线上。

53. 起吊物体时，离地( )m 时应停止起吊进行检查。

A. 0.4   B. 0.5   C. 0.6   D. 0.7

【答案】B

【解析】根据起重工常识可知，起吊物体时，离地 0.5m 时应停止起吊进行检查。

54. 吊装方形物体时，吊点应与吊物重心在( )。

A. 同一水平线上   B. 同一水平面上   C. 同一铅垂线上   D. 同一位置上

【答案】C

【解析】根据本书 5.1.1 吊点选择的基本要求综合分析可知，吊装方形物体时，吊点应与吊物重心在同一铅垂线上。

55. 物体落地翻身要求( )成一直线。

A. 吊点、垂心、落地点   B. 吊点与重心

C. 重心与落地点   D. 吊点与落地点

【答案】A

【解析】根据本书 5.1.4 分析可知，物体落地翻身要求吊点、垂心、落地点成一直线。

56. 起重作业中的物体，很多是采用( )来了解重量。

A. 测量方法   B. 估算方法   C. 称重方法   D. 计算方法

【答案】D

【解析】起重作业中的物体，很多是采用计算方法来了解重量。

57. 吊方形物体，若用四根绳索时，四根绳索的位置应在重心的( )。

A. 西侧   B. 一侧   C. 中间   D. 四边

【答案】D

【解析】吊方形物体，若用四根绳索时，四根绳索的位置应在重心的四边，以保持物体稳定性。

58. 起重机驾驶员使用的音响信号中的二短声表示( )信号。

A. 明白   B. 重复   C. 注意   D. 警戒

【答案】B

【解析】根据第 6 章可知，音响信号中的二短声表示重复信号。

59. 有特殊的起升、变幅、回转机构的起重机单独使用的指挥手势是( )。

A. 手势信号   B. 通用手势信号   C. 专用手势信号   D. 旗语信号

【答案】C

【解析】根据第 6 章可知，有特殊的起升、变幅、回转机构的起重机单独使用的指挥手势是专用手势信号。专用手势信号包括升臂、降臂、转臂等 14 种。

60. 当起重机司机发现他不能完全控制其操作的设备时应发出( )音响信号，以

警告有关人员。

    A. 一短声   B. 二短声   C. 短声   D. 长声

【答案】D

【解析】根据第 6 章可知，当起重机司机发现他不能完全控制其操作的设备时应发出长声音响信号，以警告有关人员。长声表示"注意"的音响信号，这是一种危急信号。

三、多选题

1. 复杂形状物体的重心确定方法包括(　　　)。

    A. 悬挂法   B. 测量法   C. 称重法   D. 类比法

【答案】AC

【解析】根据本书 1.1.2 可知，如果物体的形状复杂或分布不均匀，其重心位置利用重心坐标位置计算较复杂时，一般常用实验方法来确定，确定物体重心位置的方法有悬挂法和称重法。

2. 液压传动系统由(　　　)等组成。

    A. 动力装置   B. 执行装置   C. 控制装置   D. 工作介质

【答案】ABCD

【解析】由本书 1.2.3 可知，液压传动系统由动力装置、执行装置、控制装置和工作介质等组成。

3. 网架的吊装一般有(　　　)种方法。

    A. 分条（块）吊装法   B. 整体吊装法

    C. 高空滑移法   D. 整体提升法

【答案】ABCD

【解析】由本书 5.4.6 可知，网架的吊装一般有分条（块）吊装法、整体吊装法、高空滑移法和整体提升法四种方法。

4. 低层装配式框架结构的建筑吊装一般选用(　　　)机械进行吊装。

    A. 行走式塔式起重机   B. 自升式塔式起重机

    C. 履带式起重机   D. 汽车起重机

【答案】AC

【解析】根据本书 5.4.3 可知，低层装配式结构的建筑吊装一般选用行走式塔式起重机和履带式起重机。

5. 起重机采用行走式塔式起重机吊装方案，有(　　　)布置方案。

    A. 单侧布置   B. 双侧布置   C. 跨内布置   D. 环形布置

【答案】ABCD

【解析】根据本书 5.4.3 可知，起重机采用行走式塔式起重机吊装方案，有单侧布置、双侧布置、跨内布置和环形布置四种布置方案。

6. 人力移动或抬高较重物体时，一般采用（   ）方法进行基本操作。

A. 撬　　　　　　　　　　　　　B. 磨

C. 拔　　　　　　　　　　　　　D. 滑

E. 滚

【答案】ABCDE

【解析】根据本书5.2可知，人力移动或抬高较重物体时，一般采用撬、磨、拔、滑和滚五种方法进行基本操作。

7. 物体的绑扎主要有以下（   ）方法。

A. 平行吊装绑扎法　　　　　　　B. 垂直斜形吊装绑扎法

C. 垂直平行吊装绑扎法　　　　　D. 兜挂吊装绑扎法

【答案】AB

【解析】根据本书5.1.5可知，物体的绑扎主要有平行吊装绑扎法和垂直斜形吊装绑扎法。

8. 移动式起重机的结构尺寸可分为（   ）。

A. 行驶尺寸　　　B. 运输尺寸　　　C. 工作尺寸　　　D. 外形尺寸

【答案】ABC

【解析】根据本书2.1.2可知，移动式起重机的结构尺寸可分为行驶尺寸、运输尺寸和工作尺寸，可保证起重机械的顺利转场和工作时的环境适应。外形尺寸是固定式起重机考虑环境影响的重要依据。

9. 塔式起重机从其主体结构与外形特征进行分类时，基本上分为（   ）。

A. 架设方式　　　B. 变幅方式　　　C. 回转方式　　　D. 行走方式

【答案】ABCD

【解析】根据本书2.2.2可知，塔式起重机从其主体结构与外形特征进行分类时，基本上分为架设方式、变幅方式、回转方式和行走方式。

10. 塔式起重机按行走方式分为（   ）。

A. 外爬式　　　B. 内爬式　　　C. 轨道式　　　D. 固定式

【答案】BCD

【解析】根据本书2.2.2可知，塔式起重机按行走方式分为内爬式、轨道式和固定式。

11. 以下额定起重量为中吨位汽车起重机的是（   ）。

A. 15t　　　　B. 16t　　　　C. 22t　　　　D. 30t

【答案】BC

【解析】根据本书2.3.2可知，A项15t为小吨位汽车起重机；D项30t为大吨位汽车起重机。

12. 履带起重机一般设有( )等安全装置。

A. 起重量限制器　　　　　　　　B. 幅度显示器

C. 力矩限制器　　　　　　　　　D. 防臂架后倾装置

【答案】ABCD

【解析】根据本书 2.4.3 可知，履带起重机一般设有起重量限制器、幅度显示器、力矩限制器和防臂架后倾装置等安全装置。。

13. 以下风速符合在大风或大雨、大雪、大雾等恶劣天气时，应停止露天的起重吊装作业的是( )。

A. 10.8m/s　　　B. 六级　　　　C. 四级　　　　D. 10.0m/s

【答案】AB

【解析】根据本书 4.4.3 可知，在风速达到 10.8m/s（六级）及以上大风或大雨、大雪、大雾等恶劣天气时，应停止露天的起重吊装作业。重新作业前，应先试吊，确认各种安全装置灵敏可靠后方可进行作业。

14. 操作人员进行( )动作前，应发出音响信号示意。

A. 起重机回转　　B. 变幅　　　　C. 行走　　　　D. 吊钩升降

【答案】ABCD

【解析】根据本书 4.4.3 可知，操作人员进行起重机回转、变幅、行走和吊钩升降动作前，应发出音响信号示意。

15. 起重机作业时，( )严禁有人停留、工作或通过。

A. 起重机附近　　B. 起重臂前方　　C. 起重臂下方　　D. 重物下方

【答案】CD

【解析】根据本书 4.4.3 可知，起重机作业时，起重臂下方和重物下方严禁有人停留、工作或通过。

16. 起重机作业时，应与架空输电线路保持一定的安全距离。起重机的任何部位与 10kV 架空输电导线的安全距离是( )

A. 水平 2m　　　B. 水平 3m　　　C. 垂直 2m　　　D. 垂直 3m

【答案】AD

【解析】根据本书 4.4.3 可知，起重机的任何部位与 10KV 架空输电导线的安全距离是水平 2m 和垂直 3m。

17. 以下属于"十不吊"规定的是( )。

A. 超过额定负荷不吊

B. 歪拉斜挂不吊

C. 指挥信号不明、重量不明、光线暗淡不吊

D. 四级以上强风无防护措施不吊

【答案】ABC

【解析】根据本书4.4.3可知，超过额定负荷不吊、歪拉斜挂不吊和指挥信号不明、重量不明、光线暗淡不吊属于"十不吊"规定。

18. 轮胎式起重机应根据（   ）调整起重臂长度和仰角，并应估计吊索和重物本身的高度，留出适当空间。

A. 所吊重物的重量　B. 使用说明书　　　C. 提升高度　　　　D. 安全员指挥

【答案】AC

【解析】根据本书4.4.3可知，轮胎式起重机应根据所吊重物的重量和提升高度调整起重臂长度和仰角，并应估计吊索和重物本身的高度，留出适当空间。

19. 起重指挥信号包括（   ）。

A. 手势信号　　　　B. 音响信号　　　　C. 旗语信号　　　　D. 语音联络信号

【答案】ABCD

【解析】根据第6章可知，起重指挥信号包括手势信号、音响信号、旗语信号和语音联络信号。

20. 起重机的音响信号包括（   ）。

A. 一短声　　　　　B. 二短声　　　　　C. 短声　　　　　　D. 长声

【答案】ABD

【解析】由本书第六章可知，起重机的音响信号包括一短声、二短声和长声。

21. 钢丝绳按捻制方法可分为（   ）种。

A. 右交互捻（ZS）　　　　　　　　B. 左交互捻（SZ）

C. 右同向捻（ZZ）　　　　　　　　D. 左同向捻（SS）

【答案】ABCD

【解析】根据本书3.1.1可知，钢丝绳按捻制方法可分为右交互捻（ZS）、左交互捻（SZ）、右同向捻（ZZ）和左同向捻（SS）。

22. 钢丝绳的固定和连接方式有（   ）种。

A. 编结连接　　　　　　　　　　　B. 楔块、楔套连接

C. 锥形套浇铸法　　　　　　　　　D. 绳夹连接

E. 铝合金套压缩法

【答案】ABCDE

【解析】根据本书3.1.2可知，钢丝绳的固定和连接方式有编结连接，楔块、楔套连接，锥形套浇铸法，绳夹连接和铝合金套压缩法。

23. 钢丝绳的检查周期主要分为（   ）类型。

A. 日常外观检查　　　　　　　　　B. 定期检查

C. 事故后检查　　　　　　　　　　D. 停用一段时间后的检查

E. 无损检测

【答案】ABCDE

【解析】根据本书3.1.3可知，钢丝绳的检查周期主要分为日常外观检查、定期检查、事故后检查、停用一段时间后的检查和无损检测五种类型。

24. 钢丝绳的报废应考虑以下（　　）项目。

A. 可见断丝　　　　　　　　　　B. 钢丝绳直径的减小

C. 断股　　　　　　　　　　　　D. 腐蚀

E. 畸形和损伤

【答案】ABCDE

【解析】根据本书3.1.4可知，钢丝绳的报废应考虑可见断丝、钢丝绳直径的减小、断股、腐蚀、畸形和损伤等项目。

25. 千斤顶分为（　　）等基本类型。

A. 齿条式　　　　　　　　　　　B. 螺旋式

C. 液压式　　　　　　　　　　　D. 链条式

【答案】ABC

【解析】根据本书3.8.1可知，千斤顶分为齿条式、螺旋式和液压式等基本类型。

四、案例题

1. 某工程由某总承包单位组织施工，其中钢结构工程按合同约定分包给有资质的钢结构专业施工单位，工程中需要整体吊运安装36m跨度钢结构，附近有小于1kV的架空输电线，吊装前准备和吊装过程应注意的问题如下：

（1）判断题

1）该工程钢结构吊装应编制专项方案。

【答案】正确

2）该专项方案不需要专家论证。

【答案】错误

（2）单选题

1）专项施工方案专家论证由（　　）组织。

A. 总承包单位　　　B. 专业分包单位　　　C. 建设单位　　　　D. 监理单位

【答案】A

2）起重机作业时，与小于1kV架空输电线的安全距离是（　　）。

A. 1m　　　　　　　B. 1.5m　　　　　　C. 2m　　　　　　　D. 2.5m

【答案】B

（3）多选题

吊索与物件的夹角宜采用（　　　）。

A. 小于30° 　　　B. 45° 　　　C. 50° 　　　D. 60°

【答案】BCD

2. 某施工现场有一台QTZ63塔机，该塔机起升机构钢丝绳型号为12NAT6＊37Fi＋FC1770ZS，由于长期使用，钢丝绳出现起刺，经过实际测量，在$6d$范围内，断丝数为25根。

（1）判断题

1）钢丝绳应定期进行润滑保养。

【答案】正确

2）该塔机起升钢丝绳可以继续使用。

【答案】错误

（2）单选题

1）直径为$\varphi 12$的钢丝绳端部固定时绳夹数量应为（　　　）个。

A. 2 　　　B. 3 　　　C. 4 　　　D. 5

【答案】B

2）塔机停用（　　　）个月，应对钢丝绳重新检查。

A. 1 　　　B. 2 　　　C. 3 　　　D. 6

【答案】C

3. 多选题

钢丝绳的报废应考虑以下（　　　）因素。

A. 可见断丝 　　　　　　　　B. 钢丝绳直径的减小

C. 断股 　　　　　　　　　　D. 腐蚀

E. 畸形和损伤

【答案】ABCDE

3. 某工程总承包单位将安装一台QTZ63塔式起重机，与具有安装资质的专业公司签定安装合同，安装前准备设备吊装应注意的问题如下：

（1）判断题

1）该塔机安装前应编制专项施工方案。

【答案】正确

2）起重设备安装前应到当地主管部门备案。

【答案】正确

3）安装人员应取得特种作业操作资格证书。

【答案】正确

（2）单选题

1）专项施工方案应由（　　）编写。

A. 总承包单位　　　B. 专业分包单位　　C. 建设单位　　　　D. 监理单位

【答案】B

2）特种作业人员证书每（　　）年复审一次。

A. 1年　　　　　　B. 2年　　　　　　C. 3年　　　　　　D. 4年

【答案】B

（3）多选题

现场安装由以下（　　）人员组成。

A. 安全员　　　　　B. 指挥人员　　　　C. 安装工　　　　　D. 监理人员

【答案】ABCD

4. 某专业钢结构公司承包某钢结构车间安装工程，该车间需安装跨度为33m的H型钢梁。吊装前准备工程和吊装过程应注意的问题如下：

（1）判断题

1）细长构件吊装时，可以采用附助吊具，防止构件变形。

【答案】正确

2）吊点的多少必须根据被吊物体的强度、刚度和稳定性及吊索的允许拉力确定。

【答案】正确

（2）单选题

1）在起吊物体时，为了使物体稳定，不出现摇摆，倾斜，转动，翻转等现象，就必须正确选择（　　）。

A. 吊点　　　　　　B. 重心　　　　　　C. 中心　　　　　　D. 形心

【答案】A

2）该钢梁若采用2个吊点，则两个吊点应分别距梁两端（　　）m处。

A. 9.9　　　　　　B. 6.96　　　　　　C. 4.29　　　　　　D. 6.6

【答案】B

（3）多选题

匀质细长杆件的吊点位置有（　　）种选择。

A. 1个吊点　　　　B. 2个吊点　　　　C. 3个吊点　　　　D. 4个吊点

【答案】ABCD

参 考 文 献

[1] 李海金，陈贵清．液压与气动技术[M]．北京：北京航空航天出版社，2015．

[2] 王启广，杨寅威，韩振铎．液压传动[M]．江苏：中国矿业大学出版社，2015．

[3] 朱九州．起重司索与信号指挥[M]．江苏：中国矿业大学出版社，2011．